Dieter Wecker
Prozessorentwurf mit VHDL
De Gruyter Studium

Weitere empfehlenswerte Titel

FPGA Hardware-Entwurf
F. Kesel, 2018
ISBN 978-3-11-053142-8, e-ISBN (PDF) 978-3-11-053145-9,
e-ISBN (EPUB) 978-3-11-053199-2

Lehrbuch Digitaltechnik, 4. Auflage
J. Reichardt, 2016
ISBN 978-3-11-047800-6, e-ISBN (PDF) 978-3-11-047834-1,
e-ISBN (EPUB) 978-3-11-052997-5

VHDL Synthese, 7. Auflage
J. Reichardt, B. Schwarz, 2015
ISBN 978-3-11-037505-3, e-ISBN (PDF) 978-3-11-037506-0,
e-ISBN (EPUB) 978-3-11-039784-0

Analoge Schaltungstechniken der Elektronik
W. Tenten, 2012
ISBN 978-3-486-70682-6, e-ISBN 978-3-486-85418-3

Dieter Wecker

Prozessorentwurf mit VHDL

Modellierung und Synthese eines 12-Bit-Mikroprozessors

DE GRUYTER
OLDENBOURG

Autor
Prof. Dr. Dieter Wecker
82008 Unterhaching
dweck@online.de

ISBN 978-3-11-058256-7
e-ISBN (PDF) 978-3-11-058306-9
e-ISBN (EPUB) 978-3-11-058283-3

Library of Congress Control Number: 2018941440

Bibliografische Information der Deutschen Nationalbibliothek
Die Deutsche Nationalbibliothek verzeichnet diese Publikation in der Deutschen
Nationalbibliografie; detaillierte bibliografische Daten sind im Internet über
http://dnb.dnb.de abrufbar.

© 2018 Walter de Gruyter GmbH, Berlin/Boston
Umschlaggestaltung: bpm82/iStock/Getty Images
Satz: le-tex publishing services GmbH, Leipzig
Druck und Bindung: CPI books GmbH, Leck

www.degruyter.com

Vorwort

Der Entschluss zu diesem Buch resultiert aus dem Versuch, einen einfachen funktionsfähigen Mikroprozessor von der Planung bis zum Prototyp zu entwickeln. Es wird ein 12-Bit-Mikroprozessor entworfen, wie er neben anderen Prozessoren in meinem Lehrbuch „Prozessorentwurf" behandelt wird. Der 12-Bit-Mikroprozessor steht hier im Mittelpunkt und wird mit Hilfe von verschiedenen VHDL-Modellen und einer CAD (Computer Aided Design)- Entwicklungs-Software entworfen.

Die Hardware-Beschreibungssprache VHDL (Very High Speed Integrated Circuit Hardware Description Language) wird weltweit als Beschreibungssprache für digitale Systeme eingesetzt. Im Unterschied zu anderen Hochsprachen ist VHDL eine Hardware-Beschreibungssprache, d. h. die Hardware-Realisierung muss immer mit betrachtet werden.

Für den VHDL-Entwurf eines Prozessors ist es notwendig, sich mit dem VHDL-Code vertraut zu machen. Daher wird für alle erstellten Modelle der Source-Code ausführlich behandelt.

Beim Umgang mit VHDL ist es sinnvoll mit einer Entwicklungs-Software zu arbeiten, die folgende Bedingungen erfüllt:
- VHDL-Editor für den Source-Code
- Compiler für die Umsetzung in einen Binärcode
- Simulator für die Funktionale und Timing Simulation

Die in diesem Buch realisierten Entwürfe wurden mit der Entwicklungs-Software ISE Design Suite der Firma Xilinx erstellt, die als Webpack im Internet kostenlos erhältlich ist. Mit Hilfe der vermittelten Grundlagen und der CAD-Entwicklungs-Software soll der Leser in die Lage versetzt werden, Mikroprozessoren zu entwerfen und für eigene Anwendungen anzupassen. Durch die konsequente Anwendung der strukturierten Entwurfsmethode digitaler Systeme lassen sich auch komplexere Mikroprozessoren entwickeln.

Zusammenfassend werden folgende Themen behandelt:
- Grundlagen des Mikroprozessor-Entwurfs
- VHDL-Entwurf eines 12-Bit-Mikroprozessors
- Simulation und Synthese von VHDL-Modellen

Unterhaching, im Dezember 2017   Dieter Wecker

https://doi.org/10.1515/9783110583069-201

Inhalt

1 Grundlagen

1.1 Einleitung

Das Ziel dieses Buches ist der Entwurf von digitalen Komponenten für Mikroprozessoren. Die Komponenten werden als VHDL-Modelle erstellt und getestet. Es werden mehrere Mikroprozessor-Versionen behandelt, bei denen unterschiedliche VHDL-Modelle für die Bausteine des Prozessors verwendet werden. Dabei werden die Vor- und Nachteile der unterschiedlichen Modelle beim Entwurf sichtbar. Die Synthese-Ergebnisse der verwendeten Entwicklungs-Software und damit die Hardware-Realisierung sind abhängig von den gewählten VHDL-Modellen. Für den Schaltungsentwurf ist es daher wichtig, die geeigneten Modelle zu erstellen. Beim Entwurf digitaler Systeme mit Hilfe der VHDL-Modellierung sind folgende Punkte zu beachten:
– Beschreibung des Modells mit synthetisierbarem VHDL-Code
– Synthese-Berichte analysieren
– Bedingungen für die Hardware festlegen

In der Praxis werden immer komplexere digitale Systeme benötigt in immer kürzeren Entwicklungszeiten. Der Begriff „Time-to-Market" steht dabei im Vordergrund. Klassische Entwurfsmethoden wie z. B. die graphische Schaltplaneingabe können den Anforderungen nicht mehr gerecht werden. Um diese Bedingungen zu erfüllen, werden leistungsfähige Entwurfssysteme mit einer geeigneten Hardware benötigt. Durch den Einsatz von CAD-Entwicklungs-Software und programmierbaren Logikbausteinen lassen sich diese Anforderungen nahezu erfüllen:
– kurze Entwicklungszeiten
– leichte Änderung des Designs
– Einsatz von IP-Cores
– Frühzeitige Fehlererkennung durch Simulationsmethoden

Die Entwicklungs-Software wird für die Modellierung und für die Umsetzung in die Hardware verwendet. Die Synthese-Tools setzen die VHDL-Modelle in Schaltpläne und Netzlisten um. Die Netzlisten werden für die Umsetzung in die Ziel-Hardware benötigt.

Eine wichtige Rolle für die Beschreibung von Designs spielen die Hardware-Beschreibungssprachen. Für den Entwurf von digitalen Systemen werden häufig die Hardware-Beschreibungssprachen VHDL und Verilog eingesetzt.

Die Hardware-Beschreibungssprache VHDL wurde bereits 1987 als IEEE 1076-87 standardisiert.

Für die vorliegenden Mikroprozessor-Entwürfe werden FPGAs (Field Programmable Gate Array) als Ziel-Hardware verwendet. FPGAs können für hochkomplexe Anwendungen eingesetzt werden. Hier handelt es sich um rekonfigurierbare, d. h. wie-

https://doi.org/10.1515/9783110583069-001

derbeschreibbare FPGA-Technologien. Der FPGA-Entwurf kann somit leicht an veränderte Bedingungen angepasst werden.

Für die Entwürfe kommt die Entwicklungs-Software ISE Design Suite von Xilinx zum Einsatz. Für alle VHDL-Modelle wird hier Standard-VHDL verwendet, so dass man bei den Modellen noch Hersteller-unabhängig ist.

Beim Einsatz von IP-Cores (Intellectual Property) können fertige Komponenten in das eigene Design integriert werden. IP-Cores erleichtern dem Entwickler die Arbeit, er muss nicht für jedes Teildesign die Schaltung selber entwickeln.

Durch den Einsatz von Simulations- und Analyse-Tools der Entwicklungs-Software ist eine frühe Fehlererkennung noch im Entwurfsstadium möglich, es ist eine wichtige Voraussetzung für den Entwurfsprozess.

Beim Entwurf von Mikroprozessoren, die in der Praxis eingesetzt werden, ist es notwendig, die Funktionsfähigkeit des Prototyps als Hardware zu testen. Dazu eignen sich Experimentier-Boards (Demo-Boards), die mit den FPGA-Chips ausgestattet sind, wie sie in der CAD-Entwicklungs-Software verwendet werden. Die Entwürfe des 12-Bit-Mikroprozessors in diesem Buch können auch mit derartigen Experimentier-Boards getestet werden.

1.2 Entwurfsmethoden für digitale Systeme

Im Idealfall könnte der Entwurf komplexer digitaler Systeme wie in Abb. 1.1 aussehen. Am Anfang eines Entwurfs stehen die Systemspezifikationen, d. h. es müssen die Eigenschaften des Systems definiert werden. Mit Hilfe von Entwicklungs-Tools wird ein Modell erstellt, das die Eigenschaften des Systems beschreibt. Dazu können Hardware-Beschreibungssprachen verwendet werden. Für das Layout werden dann Synthese-Tools der Entwicklungs-Software eingesetzt. Dieser Idealfall ist in der Regel für komplexe digitale Systeme nicht möglich, man versucht jedoch, dem idealen Entwurfsverlauf möglichst nahe zu kommen. Dies führt automatisch in die Richtung von formalen Entwurfsmethoden. Ein grober Ansatz sind die beiden folgenden Entwurfsmethoden:
- „Top-down-Entwurf"
- „Bottom-up-Entwurf"

Im ersten Fall geht man von der obersten Entwurfsebene aus. Dabei interessiert man sich nur für die Eigenschaften, die von dem System gefordert werden. Die unteren Ebenen werden zunächst als Black Boxes behandelt, d. h. man betrachtet nur die Funktionen der einzelnen Komponenten mit den zugehörigen Ein- und Ausgängen. Die hierarchische Struktur wird dann immer weiter in Teilkomponenten zerlegt, bis das ganze System nur noch aus Basiskomponenten besteht.

Im zweiten Fall geht man in der Regel von der Ebene der Basiselemente aus, d. h. den logischen Gattern und entwickelt daraus komplexere Komponenten. Man ver-

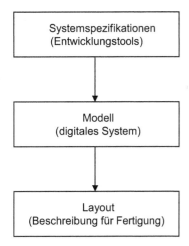

Abb. 1.1: Entwurf von digitalen Systemen.

sucht bei dieser Methode, das System in Teilaufgaben zu zerlegen und dann sukzessiv zum komplexen Gesamtsysten zu kommen. Hier hat man oft den Vorteil, dass bereits geeignete Komponenten aus anderen Entwürfen vorhanden sind, die verwendet werden können. Der Nachteil dieser Methode ist, das der gesamte Entwurf so in Teilaufgaben zerlegt wird, dass das System zu unübersichtlich wird. Diese beiden Entwurfsmethoden „Top-down" und „Bottom-up" benötigen viel Erfahrung beim Entwurf von digitalen Systemen und dem Beachten von Entwurfsregeln. Aus diesen Betrachtungen geht hervor, dass man für den Entwurf von komplexen digitalen Systemen formale Ansätze benötigt. Mit den Hardware-Beschreibungssprachen VHDL, Verilog oder anderen geeigneten Hochsprachen wird versucht, mit Hilfe von formalen Ansätzen komplexe Systeme zu beschreiben. Dabei ergeben sich folgende Schwerpunkte:
- Modellierung
- Strukturierung
- Beschreibungsmittel
- Synthese
- Verifikation

Bei der Modellierung können unterschiedliche Beschreibungssprachen für die Beschreibung der Hierarchie-Ebenen und die Strukturierung der Ebenen eingesetzt werden. Die Hierarchie-Ebenen, die auch als Entwurfsebenen bezeichnet werden, sollen den Entwurf in den unterschiedlichen Abstraktionsformen beschreiben. Die Ebenen verlaufen von der Systemspezifikation (Systemebene) bis hin zur Layout-Ebene. Die Layout-Ebene ist beim FPGA-Entwuf die „Place-and-Route"-Ebene. Wichtige Beschreibungsmittel sind:

Netzliste(EDIF) → (VHDL, Verilog) → SystemC → UML

Die Abstraktion nimmt dabei von links nach rechts zu. Auf der untersten Ebene ist ein Netzlistenformat zugeordnet (EDIF: Electronic Design Interchange Format). Auf dieser Ebene befinden sich die logischen Gatter mit den Grundverknüpfungen. Für diese Ebene und die nächst höheren Entwurfsebenen können die Beschreibungssprachen VHDL und Verilog angewendet werden. Der Sprachumfang in VHDL ist größer als in Verilog, es existieren in VHDL z. B. mehr Datentypen für die Beschreibung komplexer Systeme. Für die Beschreibung der Entwurfsebenen kann VHDL bis hinauf zur Systemebene angewendet werden. Eine grobe Einteilung der Entwurfsebenen zeigt die folgende Auflistung:

SK-Ebene → Logikebene → RT-Ebene → Algorith.-Ebene → Systemebene

SK steht für Schaltkreis und RT für Register-Transfer. Die Abstraktion nimmt von links nach rechts zu. Für den FPGA-Entwurf kann man die Logikebene als unterste Ebene ansehen, da die Schaltkreisebene bereits vorstrukturiert ist.

Die als SystemC bezeichnete Beschreibungssprache ist eine Erweiterung der Hochsprachen C und C++. Mit ihr können komplexe digitale Systeme effektiv beschrieben und simuliert werden. Durch den höheren Abstraktionsgrad steigt besonders die Simulationsgeschwindigkeit des Systems. Mit der Komplexität des Systems steigt entsprechend auch die Simulationszeit. Mit den sog. C-Modellen lassen sich Systemspezifikationen effektiver simulieren als z. B. mit VHDL oder Verilog [1, 2]. Mit UML (Unified Modeling Language) lässt sich ein digitales System in abstrakter Form beschreiben. UML ist eine Beschreibungssprache, die komplexe digitale Systeme in strukturierter Form beschreiben kann. Sie ist standardisiert und kann als Beschreibungsmittel auf Systemebene eingesetzt werden. Sie wird auch zunehmend für die Beschreibung und Simulation von SoC(System on Chip)-Entwürfen verwendet. Mit UML versucht man, komplexe digitale Systeme mit formalen Ansätzen zu beschreiben [3, 4].

Hier wird im Folgenden ein Mittelweg gewählt zwischen den Entwürfen „Top-down" und „Bottom-up". Man bezeichnet diesen Entwurfsstil auch als „Meet-in-the-Middle". Die Mitte kann z. B. die RT-Ebene sein, wo sich die beiden Entwurfsmethoden treffen. Der Vorteil dabei ist, dass schon vorhandene und getestete Komponenten für einen neuen Entwurf verwendet werden können. Diese Vorgehensweise geht von einer Strukturierung des Mikroprozessor-Systems aus in Komponenten und Subsysteme. Für die Modellierung des Mikroprozessor-Systems wird wie angekündigt die Hardware-Beschreibungssprache VHDL verwendet. Bei der Modellierung können unterschiedliche VHDL-Modelle erstellt werden. Dabei unterscheidet man zwischen der Structural- und der Behavioral-Methode. Bei der Structural-Methode verwendet man Strukturbeschreibungen in Form von Komponenten. Die Methode ist Hardware-orientiert. Die Behavioral-Methode ist eine Verhaltensbeschreibung, hier steht die Funktion des digitalen Systems im Vordergrund. Die verwendeten VHDL-Strukturen haben auch unterschiedliche Synthese-Ergebnisse zur Folge, d. h. man bekommt auch unterschiedliche Hardware-Ergebnisse [5, 6].

1.3 Definition der Schnittstellen für die Subsysteme

Komplexe digitale Systeme lassen sich in der Regel in die folgenden Subsysteme aufteilen:
– Ein- und Ausgabe-Einheiten
– Operationswerk
– Steuerwerk

In Abb. 1.2 ist das Blockdiagramm mit den Schnittstellen für die Subsysteme dargestellt. Sie können auch als Komponenten des digitalen Systems betrachtet werden. Die Spezifikation der Schnittstellen für die Komponenten wird durch eine externe und interne Schnittstelle definiert. Die externe Schnittstelle ist für das Ein- und Ausgabeprotokoll zuständig, die interne Schnittstelle für die Kommunikation zwischen Operationswerk und Steuerwerk. Der Datenaustausch zwischen den Komponenten wird mit Hilfe von Daten- und Steuerleitungen realisiert.

Das digitale System hat die interne Schnittstelle (S, A) für den Datenaustausch zwischen dem Operationswerk und dem Steuerwerk sowie die externe Schnittstelle (X, Y) für den Datenaustausch über die Ein- und Ausgabeeinheit. Der Eingangsvektor X ist hier vereinfacht dargestellt. Er stellt sowohl den externen Datentransfer über Inputregister als auch den Datentransfer über eine Speichereinheit dar. Der Ausgangs-

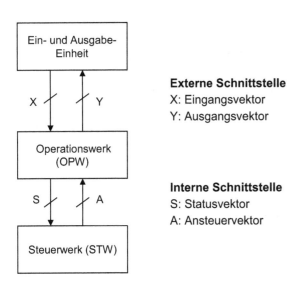

Externe Schnittstelle
X: Eingangsvektor
Y: Ausgangsvektor

Interne Schnittstelle
S: Statusvektor
A: Ansteuervektor

Abb. 1.2: Schnittstellen der Subsysteme.

vektor Y stellt ebenfalls den Datentransfer in ein Output-Register oder in eine Speichereinheit dar. Die Ein- und Ausgabe-Einheit besteht somit aus Ein- und Ausgabe-
registern und einer Speichereinheit. Die Speichereinheit wird für die Daten und den
Programm-Code benötigt.

Das Steuerwerk ist für den Programmablauf bzw. den Steuerungsalgorithmus zuständig, wobei das Operationswerk die Steuerinformation über den Ansteuervektor
A bekommt. Das Steuerwerk generiert die Steuersignale des Ansteuervektors A und
steuert den zeitlichen Ablauf der Mikrooperationen im Operationswerk.

Das Operationswerk führt die einzelnen Operationen aus und meldet dem Steuerwerk den jeweiligen Status über den Statusvektor S. Durch die Aufteilung des Mikroprozessors in die Komponenten Operationswerk und Steuerwerk besteht die Möglichkeit, die Komponenten getrennt zu behandeln. Das Steuerwerk kann formal nach
einem Automatenmodell entworfen werden. Der Ansteuervektor liefert eine eindeutige Zuordnung für die Funktionen im Operationswerk, die vom Steuerwerk kontrolliert
werden. Die interne Schnittstelle zwischen dem Operationswerk und dem Steuerwerk
wird damit zum fundamentalen Bestandteil des Mikroprozessors.

Sowohl das Steuerwerk als auch das Operationswerk werden für derartige Systeme immer als getaktete Automaten aufgebaut. Diese Strukturierung des digitalen
Systems hat folgende Vorteile:

- Änderungen und Erweiterungen können leichter durchgeführt werden.
- Das Steuerwerk kann formal nach einem Automatenmodell erstellt werden.
- Durch die Aufgabenteilung können Fehler leichter lokalisiert werden.

Im Kap. 2.2.1.1 wird die Schnittstelle zwischen Operationswerk und Steuerwerk ausführlich behandelt.

1.4 Simulation und Synthese mit VHDL

VHDL wurde ursprünglich für die Dokumentation und Simulation von komplexen digitalen Systemen entwickelt. Die Synthesefähigkeit der VHDL-Konstrukte wurde erst
später gefordert. Der Sprachumfang von VHDL teilt sich etwa in der folgenden Form
auf:

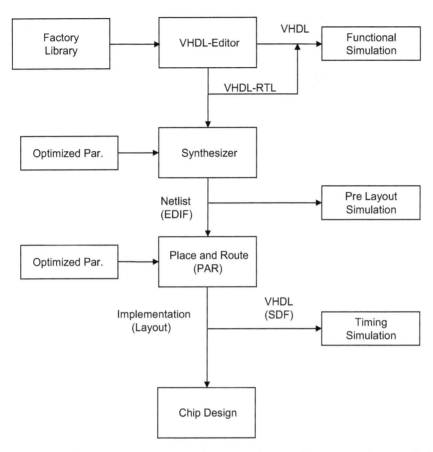

Abb. 1.3: Synthese und Simulation; EDIF: Electronic Design Interchange Format, SDF: Standard Delay Format, RTL: Register Transfer Level.

Daraus folgt, dass die meisten VHDL-Konstrukte simulierbar sind, aber nicht unbedingt synthetisierbar. Die Modellierung mit VHDL wird auf allen Abstraktionsebenen beim hierarchischen Entwurf unterstützt, von der Logikebene bis hinauf zur Systemebene [5, 7].

In Abb. 1.3 ist die Einordnung des Synthese-Tools für ein FPGA-Design dargestellt. Mit dem VHDL-Editor können zunächst alle VHDL-Konstrukte verarbeitet werden. Dabei hat man i. a. auch die Möglichkeit, VHDL-Module aus einer Herstellerbibliothek zu verwenden.

Der vom Compiler akzeptierte VHDL-Code kann dann in einer funktionalen Simulation getestet werden. Dabei werden nur die Logikfunktionen getestet, unabhängig von der Synthetisierbarkeit der Logik. Das Synthese-Tool akzeptiert nur einen synthetisierbaren VHDL-Code (VHDL-RTL). Die synthetisierte Netzliste dient nach der Synthese als Input für das „Place-and-Route"-Tool. Hier wird in der Regel das Netzlistenformat EDIF (Electronic Design Interchange Format) verwendet. Die Synthese-Tools werden häufig von den Halbleiterherstellern mitgeliefert und sind damit nicht mehr Hardware-unabhängig.

Optimierungsbedingungen können bei der Synthese mit eingegeben werden. Es können meistens auch VHDL-Module aus denBibliotheken der Entwurfs-Software mit eingebunden werden. Die Timing Simulation kann erst durchgeführt werden, wenn das „Place-and-Route" (PAR)-Tool eine VHDL-Netzliste mit den berechneten Verzöge-rungszeiten erzeugt hat (SDF-Datei). Bei der Pre-Layout-Simulation wird die syntheti-sierte Netzliste mit Verzögerungszeiten für die logischen Gatter verknüpft. Hier kann bereits entschieden werden, ob die geforderten Zeitabhängigkeiten für das Design ein-gehalten werden können [8].

Synthesefähiger VHDL-Code
Der Umgang mit VHDL hat in der Regel das Ziel, eine digitale Schaltung zu realisieren. Damit das VHDL-Design sinnvoll ist, sollte der Benutzer sowohl die Ziel-Hardware als auch die wichtigsten Regeln für die Synthetisierbarkeit des VHDL-Codes kennen.

Durch das Setzen von Optimierungsparametern kann die Steuerung des Synthe-seprozesses bezüglich Chipfläche und Signallaufzeiten beeinflusst werden. Die Ver-wendung von Herstellerbibliotheken ist i. a. wichtig, um die Ziel-Hardware optimal ausnutzen zu können. Durch diese Abhängigkeiten der Entwurfswerkzeuge und der Ziel-Hardware können hier nur allgemeine Regeln für einen synthetisierbaren VHDL-Code angegeben werden:
-   VHDL-Beschreibungen auf RT-Ebene sind synthetisierbar
-   Verzögerungszeiten bei Signalzuweisungen sind nicht synthetisierbar
-   Physikalische und Datei-Datentypen werden bei der Synthese nicht unterstützt
-   **assert**-Anweisungen werden vom Synthese-Tool ignoriert
-   direkte Signalzuweisungen werden in Schaltnetze umgesetzt
-   Signalzuweisungen, die an Bedingungen gekoppelt sind, werden in Schaltwerke umgesetzt

Auf der RT-Ebene lassen sich meistens Strukturbeschreibungen von Komponenten oh-ne Probleme synthetisieren, da sie in ein festes Taktschema eingebunden sind. Bei Signalzuweisungen, die z. B. mit den Ausdrücken **after** oder **wait for** verknüpft sind, werden Zeitangaben gemacht, die nicht synthetisierbar sind. Physikalische Datenty-pen sind nicht synthetisierbar, da sie mit einer Maßeinheit verknüpft sind, z. B. die Maßeinheit time, die vom Synthese-Tool nicht verarbeitet werden kann. Auch Dateien sind aus verständlichen Gründen nicht synthesefähig, da sie eine Ansammlung von Textdaten enthalten, die für die Ein- und Ausgabe von Daten bei der Simulation ver-wendet werden können.

Die **assert**-Anweisungen werden verwendet, um bei der Simulation Meldungen bei der Abarbeitung des VHDL-Codes auszugeben. Hierfür existiert ein vordefinierter

Aufzählungstyp im **package** standard in der Bibliothek std. Er enthält die Elemente: note, warning, error, failure.

Vom Synthese-Tool wird die **assert**-Anweisung ignoriert. Direkte Signalzuweisungen werden in Schaltnetze synthetisiert, wenn einem Signal oder einer Variablen in allen Fällen ein Wert zugewiesen wird.

Sind Signalzuweisungen an Bedingungen gekoppelt, bei denen Werte zwischengespeichert werden müssen, so werden Schaltwerke synthetisiert.

Es erfolgt auch eine Umsetzung in Schaltwerke, wenn das Ausgangssignal auf der rechten Seite der Signalzuweisung steht. Das Gleiche passiert, wenn nicht in allen Abfragen ein Wert zugewiesen wird [9].

2 Das 12-Bit-Mikroprozessor-System (MPU12_S)

Die Anforderungen für das zu entwickelnde Mikroprozessor-System müssen noch festgelegt werden. Als erstes wird die Vorgabe gemacht, das System in die Komponenten Operationswerk, Steuerwerk und Speicher zu strukturieren. Die internen und externen Schnittstellen zwischen den Komponenten wurden bereits in Kap. 1.3 eingeführt. Dabei geht es um folgende Protokolle:

- externe Ein- und Ausgabe über Input- und Output-Register
- Datenaustausch zwischen Operationswerk und Speicher
- interner Datenaustausch zwischen Operationswerk und Steuerwerk

Die konkreten Beschreibungen für die Schnittstellen mit Signalen und den zeitlichen Abläufen müssen noch genauer definiert werden. Das Mikroprozessor-System hat zunächst die vereinfachte Form nach Abb. 2.1:

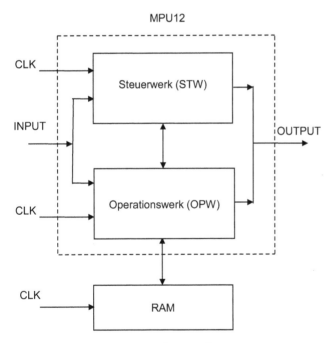

Abb. 2.1: Mikroprozessor-System (MPU12_S).

Als Arbeitsspeicher wird ein synchroner statischer RAM-Speicher verwendet. Das Lesen der Daten aus dem Speicher soll asynchron und das Speichern von Daten synchron, d. h. getaktet erfolgen. Die drei Komponenten OPW, STW und RAM sind formal getaktete Automaten und haben eigene Takteingänge. Da die Befehlsfolge im Mikro-

https://doi.org/10.1515/9783110583069-002

prozessor-System sequenziell abläuft, muss in der Regel die Taktfolge für die Komponenten beachtet werden. Auf diese Punkte wird bei der Simulation des Systems noch ausführlich eingegangen.

2.1 Entwurf eines 12-Bit-Mikroprozessors

Am Anfang eines Entwurfs steht immer eine Anforderungsliste. Es muss zunächst ermittelt werden, welche Spezifikationen das digitale System erfüllen soll. Es wurden bereits allgemeine Anforderungen an das Mikroprozessor-System, wie z. B. die Strukturierung der CPU in ein Operationswerk und ein Steuerwerk gemacht. Ein wichtiges Kriterium ist dabei auch der Punkt, dass der Entwurf, d. h. die Eigenschaften des Systems leicht verändert werden können. Es soll eine 12-Bit-CPU entworfen werden, die als MPU12 (Mikro-Prozessor-Unit) bezeichnet wird. Dabei werden folgende Kriterien festgelegt:
- strukturierter Entwurf für das Mikroprozessor-System
- es existiert nur ein RAM-Speicher für Programme und Daten
- einfacher Befehlssatz mit arithmetischen und logischen Befehlen
- Adressierung direkt und indirekt
- Strukturierung der CPU in Operationswerk (OPW) und Steuerwerk (STW)
- das Ein- und Ausgabeprotokoll ist asynchron
- Befehlsformat, Daten- und Adressformat sind einheitlich
- Befehlsphasen

Die allgemeinen Anforderungen an den Entwurf sind damit festgelegt. Es müssen noch die konkreten Spezifikationen für den Entwurf der MPU12 bestimmt werden:
- Befehlssatz
- Befehlsformat
- Adressierung
- Registerstruktur
- Akkumulatorstruktur
- Befehlsphasen (ca. 5 CPU-Takte pro Befehl)
- Ein- und Ausgabeprotokoll

Der Befehlssatz der MPU12 ist in Tab. 2.1 zusammengestellt. In der ersten Spalte steht der 5-Bit-Opcode OPC(4:0) für die Befehle. Es können insgesamt 32 Befehle definiert werden, davon sind 28 Befehle zugeordnet, die 4 restlichen werden als „No Operation" (NOP) behandelt. Das niederwertige Bit des 5-Bit-Opcodes gibt den Adressierungsmodus an:

OPC(0) = 0   : direkte Adressierung
OPC(0) = 1   : indirekte Adressierung

Die nächsten zwei Spalten geben die Kürzel (Mnemonics) für die einzelnen Befehle sowie ihre Bedeutung an. In den letzten Spalten sind die drei Flags und ihre Gültigkeit angegeben. Die Befehle mit einem angehängten ‚I' sind für die indirekte Adressierung.

Befehlsformat (12 Bit)

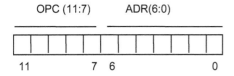

Operationscode OPC 5 Bit, direkte Adressierung 7 Bit

Datenformat (12 Bit)

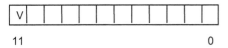

Es sollen vorzeichenbehaftete Zahlen verwendet werden. Das oberste Bit (MSB) ist für das Vorzeichen reserviert. Der Datenbereich ist 11 Bit breit.

Abkürzungen in Tab. 2.1

OPC	: Opcode für Befehl
m	: 7-Bit-Adresse
M(m)	: 12-Bit-Operand von Adresse m
M(M(m))	: 12-Bit-Operand von Adresse M(m)
OPR	: 12-Bit-Output-Register
IPR	: 12-Bit-Input-Register
ACR	: 12-Bit-Akkumulator-Register
PC	: 12-Bit-Program-Counter
STA	: 12-Bit-Register-Stack
Z	: Zero-Flag
S	: Vorzeichen-Flag
C	: Carry-Flag
Ci	: Input-Carry
x	: Flag gültig

Tab. 2.1: Befehlssatz der MPU12.

OPC(4:0)	Mnemonic	Bedeutung	Z	S	C
00000	OU m	OPR ← M(m)			
00001	OUI M(m)	OPR ← M(M(m))			
00010	ST m	M(m) ← ACR			
00011	STI M(m)	M(M(m)) ← ACR			
00100	IN m	M(m) ← IPR			
00101	INI M(m)	M(M(m)) ← IPR			
00110	SP	Programmende			
00111	NOP	PC ← PC +1			
01000	JZ m	Z = 1: PC ← m	x		
01001	JZI M(m)	Z = 1: PC ← M(m)	x		
01010	JS m	S = 1: PC ← m		x	
01011	JSI M(m)	S = 1: PC ← M(m)		x	
01100	JC m	C = 1: PC ← m			x
01101	JCI M(m)	C = 1: PC ← M(m)			x
01110	JU m	PC ← m			
01111	JUI M(m)	PC ← M(m)			
10000	CA m	STA ← PC, PC ← m			
10001	CAI M(m)	STA ← PC, PC ← M(m)			
10010	RT	PC ← STA			
10011	NOP	PC ← PC +1			
10100	SHR	ACR ← SHR (ACR)	x	x	
10101	NOP	PC ← PC +1			
10110	SHL	ACR ← SHL (ACR)	x	x	
10111	NOP	PC ACR ← PC +1			
11000	AD m	ACR ← ACR + M(m) + Ci	x	x	x
11001	ADI M(m)	ACR ← ACR + M(M(m)) + Ci	x	x	x
11010	SU m	ACR ← ACR − M(m) − Ci	x	x	x
11011	SUI M(m)	ACR ← ACR − M(M(m)) − Ci	x	x	x
11100	NA m	ACR ← NA (ACR, M(m))	x	x	
11101	NAI M(m)	ACR ← NA (ACR, M(M(m)))	x	x	
11110	LO m	ACR ← M(m)	x	x	
11111	LOI M(m)	ACR ← M(M(m))	x	x	

Mnemonics in Tab. 2.1 (direkte/indirekte Adress.)

OU/OUI	: Output
ST/STI	: Store
IN/INI	: Input
SP	: Stop
NOP	: No Operation
JZ/JZI	: Jump if Z = 1
JS/JSI	: Jump if S = 1
JC/JCI	: Jump if C = 1
JU/JUI	: Jump

CA/CAI	: Call
RT	: Return
SHR/SHL	: Shift right/Shift left
AD/ADI	: Addition
SU/SUI	: Subtraktion
NA/NAI	: NAND-Fkt
LO/LOI	: Load

Adressierung (7/12 Bit)

Für die Adressierung soll eine direkte 7-Bit-Adressierung mit einem Adressbereich von 0 bis 127 und eine indirekte von 12 Bit mit einem Adressbereich von 0 bis 4095 verwendet werden.

OPC(0) = 0 : 7-Bit-Adresse (direkte Adressierung)
OPC(0) = 1 : 12-Bit-Adresse (indirekte Adressierung)

Registerstruktur (12 Bit)

Die folgenden Register werden für den Datentransfer im Operationswerk benötigt:

Program-Counter	: PC
Address-Register	: AR
Memory-Register	: MR
Input-Register	: IPR
Output-Register	: OPR
Instruction-Register	: IR

Register-Stack (12 Bit)

Das Register-Stack ist ein verketteter Registerblock und wird für die Bearbeitung von Unterprogrammen benötigt. Das Register-Stack soll eine Speichertiefe von vier Worten haben. Es arbeitet nach dem PUSH- und POP-Prinzip:

PUSH-Befehl : es wird ein Datenwort gespeichert
POP-Befehl : es wird ein Datenwort ausgelesen

Akkumulatorstruktur (12 Bit)

Im Akkumulator werden alle arithmetischen und logischen Operationen durchgeführt und das Ergebnis im zentralen Akkumulator-Register ACR abgelegt. Das Befehlsformat ist bewusst einfach gewählt mit einem 12-Bit-Format, d. h. 5 Bit für den Opcode und 7 Bit für die direkte Adressierung.

Das niederwertige Bit des Opcodes OPC(0) ist für den Adressierungsmodus reserviert. Es bleiben also 4 Bit für die Codierung von 16 Befehlen übrig. Man kann jetzt diesen 16 Kombinationen beliebige arithmetische und logische Operationen zuordnen. Die Auswahl hängt natürlich davon ab, welche Anwendungen mit dem Prozessor durchgeführt werden sollen. Hier sollen nur einfache arithmetische und logische Funktionen verwendet werden.

Statusregister (3 Bit)

Es sollen nur drei Statusflags verwendet werden, nämlich Carry-Out (OP_C), das Vorzeichenflag (OP_S) und das Zeroflag (OP_Z). Für einen reibungslosen Funktionsablauf im Prozessor ist es wichtig, die Gültigkeit der Flags für die einzelnen Operationen richtig festzulegen. Die Statusmeldungen der Flags beziehen sich alle auf das Akkumulator-Register ACR.

Carry-Flag OP_C : Ausgangsübertrag
Sign-Flag OP_S : Vorzeichen (MSB)
Zero-Flag OP_Z : Null-Status

2.1.1 Bestimmung der Befehlsphasen

Nachdem die wichtigsten Parameter wie Befehls- und Datenformat sowie die Adressierung vorgegeben sind, müssen noch die Befehlsphasen für die jeweiligen Maschinenbefehle bestimmt werden. Der Befehlsablauf kann grob in folgende Befehlsphasen eingeteilt werden:

- Befehl holen (Instruction Fetch, IF)
- Befehl interpretieren (Instruction Decode, ID)
- Befehl ausführen (Execute, EX)

Bei den vorgegebenen Datenstrukturen ist es notwendig, die einzelnen Phasen noch weiter zu unterteilen. Man kommt dann zu folgenden Befehlsphasen:

ADR0 : Laden der Startadresse in das Input-Register IPR
IF1 : Befehle aus dem Arbeitsspeicher in das Memory-Register MR laden
IF2 : a) Address-Register AR für den aktuellen Befehl laden
: b) Instruction-Register IR laden
ID1 : Decodieren1: Befehl mit direkter oder indirekter Adressierung
DF1 : wenn OPC(0) = 1: Adresse vom Arbeitsspeicher ins Memory-Register MR
: laden
IF3 : wenn OPC(0) = 1: 12-Bit-Adresse ins Address-Register AR laden
ID2 : Decodieren2: Opcode dekodieren
DF2 : 12-Bit-Operand vom Arbeitsspeicher ins Memory-Register MR laden
EX : a) Befehl ausführen
: b) Aktuelle Adresse vom Program-Counter PC ins Address-Register laden

Der Befehlsablauf beginnt immer mit dem Laden des Memory-Registers MR, d. h. Befehlsphase IF1. Bei IF2 werden das Address-Register AR und das Instruction-Register IR für den aktuellen Befehl geladen. Bei der Decodierung1 (ID1) wird festgestellt, ob der Befehl eine direkte oder indirekte Adressierung hat. Bei direkter Adressierung gilt:

OPC(0) = 0. Die Befehlsfolge wird bei ID2 fortgesetzt. Für die indirekte Adressierung gilt: OPC(0) = 1 und es werden DF1 und IF3 abgearbeitet. Für die indirekte Adressierung muss anschließend das Address-Register AR mit einer 12-Bit-Adresse geladen werden (Phase IF3). Für die Decodierung2 (ID2) wird der Opcode decodiert.

Bei einem Registerbefehl wird das Ergebnis immer im Akkumulator-Register ACR abgelegt. Das Steuerwerk ist für den sequenziellen Befehlsablauf verantwortlich. Daten und Programmcode müssen in der richtigen Reihenfolge aus dem Arbeitsspeicher in das Memory-Register MR geladen werden.

In den Befehlsablauf müssen auch die Buszugriffe mit einbezogen werden. Ein Buszugriff ist dabei ein Lese- oder Schreibzugriff über den Datenbus auf den Arbeitsspeicher. Es wird bei jedem Befehl zuerst das Memory-Register geladen, das den Opcode OPC für den Befehl und eine 7-Bit-Adresse enthält. Außerdem werden bei jedem Befehl in der Phase IF2 das Address-Register AR und das Instruction-Register IR geladen.

Die Befehlsphasen IF1 und IF2 sind bei allen Befehlen gleich und müssen zuerst durchlaufen werden. Die Befehlsabläufe sind so aufgebaut, dass in einem CPU-Takt eine oder zwei Befehlsphasen ausgeführt werden können. Beim Additionsbefehl mit direkter Adressierung bedeutet das z. B., dass die Befehlsphasen „Befehl decodieren" (ID2) und „Operand holen" (DF2) in einem CPU-Takt ausgeführt werden. „Operand holen" ist stets ein Lesezugriff auf den Bus, ein Ergebnis im Arbeitsspeicher ablegen ist stets ein Schreibzugriff auf den Bus.

Die Befehlsphasen in Abb. 2.2 beinhalten folgende Befehle:
a) SHR, SHL, SP, JU, JS, JC, JZ, IN, ST, CA
b) AD, SU, NA, LO, OU
c) RT

2.1.2 Protokolle für die Ein- und Ausgabe-Einheiten

Zunächst werden die Protokolle für die externe Ein- und Ausgabe von Daten über Input- und Output-Register sowie der Datenaustausch zwischen CPU und Speicher behandelt. Je genauer man die Bedingungen für ein Protokoll festlegt, umso weniger Probleme werden später im Programmablauf des Prozessors auftreten. In der Praxis werden verschiedene Ein- und Ausgabemechanismen verwendet. Man unterscheidet grob zwischen synchronen und asynchronen Protokollen. Synchrone Protokolle sind mit dem Prozessortakt gekoppelt, asynchrone können zu beliebigen Zeitpunkten aufgerufen werden. Hier sollen asynchrone Protokolle verwendet werden. Dazu werden folgende Bedingungen für die Ein- und Ausgabe von Daten vorgegeben:
–   Protokolle asynchron
–   Es existiert nur ein Input-Register IPR
–   Es existiert nur ein Output-Register OPR
–   Der Arbeitsspeicher ist ein RAM

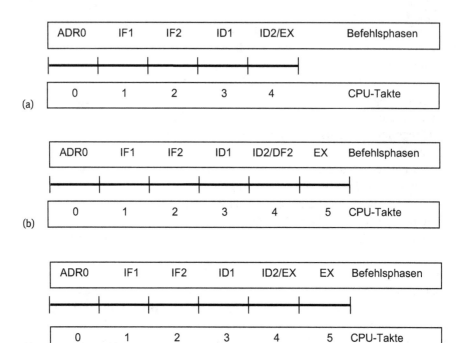

Abb. 2.2: Befehlsphasen und CPU-Takte (direkte Adressierung).

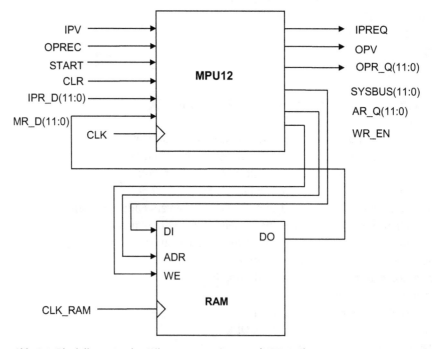

Abb. 2.3: Blockdiagramm des Mikroprozessor-Systems (MPU12_S).

Die Abb. 2.3 zeigt das Blockdiagramm für das Mikroprozessor-System (MPU12_S) mit den definierten Signalen. Der Takteingang für den Prozessor ist vereinfacht zu einem gemeinsamen Taktsignal zusammengefasst.

Bezeichnungen der Ein- und Ausgangssignale:

IPV	: Input Valid (Eingabe gültig)
OPREC	: Output Recognized (Ausgabe erkannt)
START	: Starten des Prozessors
IPREQ	: Input Request (Aufforderung zur Eingabe)
OPV	: Output Valid (Ausgabe gültig)
WR_EN	: Write-/ Read- Enable (Speicher: Ein- und Ausgabe)
IPR_D(11:0)	: Dateneingang Input-Register
OPR_Q(11:0)	: Datenausgang Output-Register
AR_Q(11:0)	: Datenausgang Address-Register
SYSBUS(11:0)	: Interner Datenbus/Datenausgang
MR_D(11:0)	: Dateneingang Memory-Register

Der folgende Datentransfer wird über die Protokolle abgewickelt:
- Input-Register → interner Datenbus (SYSBUS)
- Interner Datenbus (SYSBUS) → Output-Register
- Interner Datenbus (SYSBUS) → Speicher (RAM)
- Speicher (RAM) → Externer Datenbus MR_D

Dateneingabe über das Input-Register IPR

1	Prozessor setzt Steuersignal IPREQ = 1 und wartet auf die Bestätigung, dass IPV = 1 gesetzt wird. Es kann jetzt ein gültiger Wert ins Input-Register geschrieben werden.
2	Das externe Signal wird auf IPV = 1 gesetzt. Der Wert im Input-Register wird auf den Datenbus SYSBUS übernommen (Abb. 2.4).

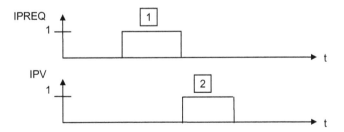

Abb. 2.4: Dateneingabe mit Input-Register IPR.

Datenausgabe über das Output-Register OPR

| 1 | Prozessor setzt Steuersignal OPV = 1 und wartet auf die Bestätigung, dass OPREC = 1 gesetzt wird. Es liegt jetzt ein gültiger Wert auf dem Datenbus SYSBUS. |

| 2 | Das externe Signal wird auf OPREC = 1 gesetzt. Der Wert vom Datenbus wird in das Output-Register übernommen (Abb. 2.5). |

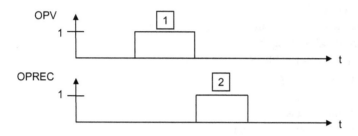

Abb. 2.5: Datenausgabe mit Output-Register OPR.

Datenaustausch zwischen CPU und Speicher

Der Prozessor setzt das Steuersignal WR_EN.

WR_EN = 1 : Schreibzugriff aktiviert
WR_EN = 0 : Lesezugriff aktiviert

| 1 | Lesezugriff WR_EN = 0: Daten der Adresse AR_Q werden dem Datenbus MR_D übergeben. |

| 2 | Schreibzugriff WR_EN = 1: Daten können in den Speicher übernommen werden. Die Datenübernahme erfolgt mit dem Taktsignal CLK_RAM über den Datenbus SYSBUS. |

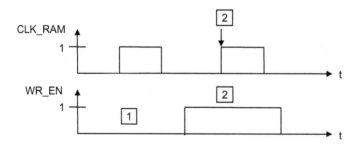

Abb. 2.6: Datenaustausch: CPU und Speicher.

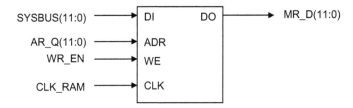

Abb. 2.7: Funktionsblock RAM-Speicher.

In diesem Fall kommt das Protokoll mit einem Steuersignal aus. Das Schema in Abb. 2.6 soll den Datentransfer zwischen CPU und Speicher verdeutlichen.

Nebenbedingung für die Dateneingabe im Input-Register ist, dass vor jedem Input-Befehl das Steuersignal IPV = 0 sein muss, da es sonst zu Fehlern bei der Datenübernahme kommt. Das gleiche gilt auch für die Datenausgabe mit dem Outputregister. Hier muss vor jedem Output-Befehl das Steuersignal OPREC = 0 sein. Bei der Ein- und Ausgabe von Daten muß beachtet werden, dass der Prozessor solange wartet, bis die Bestätigung erfolgt, d. h. bis die externen Signale IPV und OPREC gesetzt werden. Es gilt außerdem die Nebenbedingung, dass die jeweilige Bestätigung vor dem Eintreffen des nächsten CLK-Signals des Operationswerkes erfolgen muss. Ansonsten können die Steuersignale zu beliebigen Zeiten gesetzt werden und sind taktunabhängig. Bei der Simulation in Kap. 7 wird auf diese Eigenschaften näher eingegangen.

In Abb. 2.7 ist der Funktionsblock des RAM-Speichers mit den Ein- und Ausgängen dargestellt.

2.2 Realisierung des 12-Bit-Mikroprozessors MPU12

Die Strukturierung des Mikroprozessors erfolgt in die Komponenten:
– Operationswerk (OPW)
– Steuerwerk (STW)

Abb. 2.8 zeigt das Blockdiagramm der MPU12 mit den Ein- und Ausgangssignalen. Neu hinzugekommen sind der Ansteuervektor $A(n-1:0)$ sowie der Statusvektor $S(7:0)$. Bis auf den Ansteuervektor A sind alle Ein- und Ausgangssignale für den Prozessor definiert. Der Statusvektor ist ein 8-Bit-Vektor und setzt sich zusammen aus dem 5-Bit-Operationscode und den drei Status-Flags.

Der interne Datenbus (SYSBUS) soll alle Komponenten im Operationswerk direkt oder indirekt miteinander verbinden und ist außerdem herausgeführt, um Daten in den Arbeitsspeicher zu schreiben (RAM-Eingang)

Der Dateneingang vom Memory-Register MR_D wird über einen Datenbus mit dem Arbeitsspeicher verbunden (RAM-Ausgang). Der Arbeitsspeicher bekommt seine

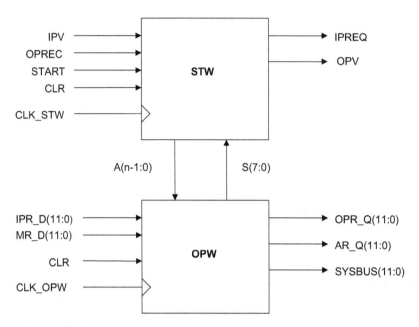

Abb. 2.8: Blockdiagramm der MPU12.

Adressen über den Datenausgang AR_Q des Address-Registers. Das START-Signal soll das Maschinenprogramm starten [10, 11].

2.2.1 Entwurf des 12-Bit-Operationswerkes

Das Operationswerk kann formal nach folgenden Methoden beschrieben werden:
- Behavioral-Methode
- Structural-Methode

Es wurde bereits die Prozessorstruktur mit den notwendigen Komponenten in Kap. 2.1 festgelegt. Aus diesen Vorgaben ergibt sich ein strukturierter Entwurf. Bei diesem Entwurf kann man so vorgehen, dass man alle Komponenten mit einem internen Datenbus direkt oder indirekt verbindet. Über den Datenbus werden Daten und Adressen transportiert, jedoch keine Befehle. Da der Datenbus von allen Komponenten verwendet wird außer dem Instruction Register, muss der Zugriff auf den Bus so geregelt sein, dass für jeweils nur eine Komponente der Zugriff erlaubt ist. Dazu verwendet man Multiplexer als Datenselektoren, Tri-State-Treiber sowie sog. Chip-Enable-Eingänge (CE-Eingänge) der einzelnen Register. Um konkret zum Ansteuervektor zu kommen, müssen die Komponenten im Operationswerk bekannt sein. Für die MPU12 ergeben sich nach den Eingangsvoraussetzungen folgende Komponenten für das Operationswerk in einer Minimalkonfiguration:

- 12-Bit-Program-Counter: PC
- 12-Bit-Address-Register: AR
- 12-Bit-Memory-Register: MR
- 5-Bit-Instruction-Register: IR
- 12-Bit-Register-Stack: STACK
- 12-Bit-AKKU-Einheit: AKKU
- 12-Bit-Input-Register: IPR
- 12-Bit-Output-Register: OPR

Beschreibung der Komponenten des Operationswerkes

Die einzelnen Komponenten werden hier als Black Box bzw. als Funktionsblock betrachtet. Nur die Funktionen und die Ein- und Ausgänge werden berücksichtigt.

Erst bei der Realisierung muss man sich mit dem Innenleben beschäftigen. Funktionsblöcke werden oft als Funktionstabelle dargestellt. Die angegebenen Komponenten werden im Folgenden in Form von Funktionstabellen beschrieben. Sie sind in den Tabellen 2.2 bis 2.5 angegeben. Die Abb. 2.9 bis 2.12 zeigen außerdem die zugehörigen Funktionsblöcke [8, 9].

Getaktete n-Bit-Register

Der CLR-Eingang setzt für CLR = 1 den Ausgang Q = 0. Er ist asynchron, d. h. taktunabhängig und hat die höchste Priorität. Bei CE = 0 ist der Registereingang beliebig, d. h. der gespeicherte Wert bleibt unverändert.

Tab. 2.2: n-Bit-Register.

CE	CLR	D	Q
x	1	x	Q = 0
0	0	x	Q = const.
1	0	DIN	Q = DIN

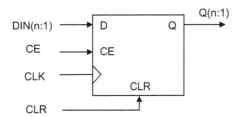

Abb. 2.9: Funktionsblock n-Bit-Register.

12-Bit-Program-Counter (PC)

Der asynchrone CLR-Eingang setzt bei CLR = 1 den Ausgang Q = 0. Für die Steuereingänge (C1, C2) = (0, 0) und (0, 1) bleibt der Zählerinhalt konstant. Für (C1, C2) = (1, 0) wird der Zähler inkrementiert und für (C1, C2) = (1, 1) wird der Zähler geladen. Der 12-Bit-Zählbereich geht von 0 bis 4095.

Tab. 2.3: 12-Bit-Program-Counter.

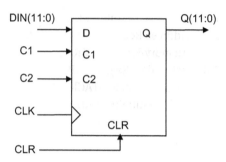

CLR	C1	C2	D	Q
1	x	x	x	Q = 0
0	0	0	x	Q = const.
0	0	1	x	Q = const.
0	1	0	x	Q = Q + 1
0	1	1	DIN	Q = DIN

Abb. 2.10: Funktionsblock Program-Counter.

12-Bit-Register-Stack

Der asynchrone CLR-Eingang setzt bei CLR = 1 den Ausgang Q = 0. Für die Steuer-eingänge (CE, SEL) = (0, 0) und (0, 1) bleibt der Ausgang Q konstant. Für (CE, SEL) = (1, 1) wird ein neues Datenwort in das Register übernommen (PUSH-Befehl), für (CE, SEL) = (1, 0) wird das oberste Datenwort im Register-Stack ausgelesen (POP-Befehl).

Tab. 2.4: 12-Bit-Register-Stack.

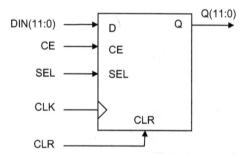

CLR	CE	SEL	D	Q
1	x	x	x	Q = 0
0	0	0	x	Q = const.
0	1	1	DIN	Q = DIN
0	1	0	x	Q = QOUT
0	0	1	x	Q = const.

Abb. 2.11: Funktionsblock Register-Stack.

12-Bit-Akkumulator-Einheit

Der asynchrone CLR-Eingang setzt bei CLR = 1 den Ausgang Q = 0. Mit den Steuer-eingängen S(2:0) können die einzelnen Funktionen gewählt werden. Der Eingangs-übertrag CIN ist herausgeführt und kann wahlweise auf Null oder Eins gesetzt wer-den. Die beiden letzten Funktionen sollen ein „Shiften" nach rechts (SHR) oder links (SHL) innerhalb des Akkumulator-Registers durchführen. Beim „Shiften" unterschei-det man zwischen logischem und arithmetischem „Shiften". Hier soll nur das logische „Shiften" angewendet werden, wobei jedoch die Vorzeichen im Akkumulator-Register beachtet werden sollen (Abb. 2.12).

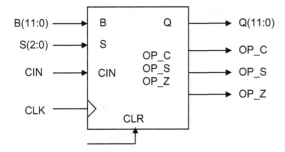

Abb. 2.12: Funktionsblock 12-Bit-Akkumulator-Einheit.

Bedeutung der Flags:

OP_C   : Carry-Out, Ausgangsübertrag
OP_S   : Sign-Flag, Vorzeichen, oberstes Bit (MSB)
OP_Z   : Zero-Flag
OP_S = 0   : positives Ergebnis
OP_S = 1   : negatives Ergebnis
OP_Z = 0   : Ergebnis ungleich null
OP_Z = 1   : Ergebnis gleich null

Die Flags beziehen sich auf die Ergebnisse im Akkumulator-Register. Das Carry-Flag soll nur bei Addition, Subtraktion und bei den Jump-Befehlen mit Carry (JC, JCI) gültig sein.

Für die Steuereingänge $(0, 0, 0)$ und $(1, 0, 0)$ soll der Inhalt im Akkumulator-Register konstant bleiben, d. h. es soll gelten Q = konstant.

Tab. 2.5: Funktionstabelle der Akkumulator-Einheit.

CLR	S2	S1	S0	Funktion	Bedeutung
1	x	x	x	Q = 0	Register löschen
0	0	0	0	Q = konstant	AKKU konstant
0	0	0	1	Q = Q − B − CIN	Subtraktion
0	0	1	0	Q = NAND(Q, B)	NAND-Funktion
0	0	1	1	Q = Q + B + CIN	Addition
0	1	0	0	Q = konstant	AKKU konstant
0	1	0	1	Q = B	AKKU laden
0	1	1	0	Q = SHR(Q)	Shift right
0	1	1	1	Q = SHL(Q)	Shift left

2.2.1.1 Schnittstelle zwischen Operationswerk und Steuerwerk

Die Schnittstelle zwischen Operationswerk (OPW) und Steuerwerk (STW) wird durch folgende Vektoren bestimmt:

- Ansteuervektor A (n − 1:0)
- Statusvektor S (k − 1:0)

Die Bitbreite beträgt beim Ansteuervektor n und beim Statusvektor k (siehe Abb. 2.13). Die beiden Vektoren steuern den Datenaustausch zwischen den getakteten Automaten OPW und STW. Die beiden Schaltwerke sind miteinander gekoppelt und müssen in der richtigen zeitlichen Reihenfolge die erforderlichen Mikrooperationen durchführen. Deshalb muss i. a. zwischen den beiden CLK-Eingängen unterschieden werden. Bei der Modellierung der VHDL-Modelle wird darauf näher eingegangen. Der Statusvektor S beinhaltet alle Statusmeldungen und den Operations-Code des Prozessors. Er kann für die MPU12 direkt angegeben werden, da die Parameter bekannt sind. Es ergibt sich ein 8 Bit breiter Vektor (k = 8), mit 5 Bit für den Opcode und 3 Bit für die Status-Flags. Wie breit der Ansteuervektor A sein muss, hängt davon ab, wie viele Mikrooperationen im Operationswerk ablaufen.

Der Ansteuervektor kann mit Hilfe einer sog. Ansteuertabelle bestimmt werden. Er steht in einer direkten Abhängigkeit zu den Komponenten im Operationswerk, d. h. es muss eine eindeutige Zuordnung geben zwischen dem Ansteuervektor und den zu schaltenden Datenwegen [12].

In Tab. 2.6 ist das Schema angedeutet. Es ist im Prinzip eine Codierung des Ansteuervektors.

In dem Beispiel werden folgende Operationen ausgeführt:

- Inkrementieren des Registers REG1_A, wenn Bit A(0) gesetzt ist
- Datentransfer von Register REG1_A auf den Datenbus D_BUS, wenn Bit A(1) gesetzt ist
- Datentransfer von Register REG3_A zum Register REG2_E, wenn Bit A(1) und A(2) gesetzt sind

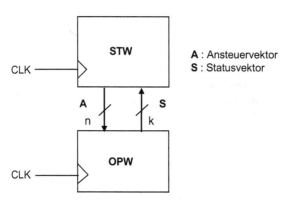

Abb. 2.13: Operationswerk (OPW) und Steuerwerk (STW).

Tab. 2.6: Ansteuertabelle.

A(n − 1)	...	A(2)	A(1)	A(0)	Datentransfer/Mikrooperation
				1	REG1_A ← REG1_A + 1
			1		D_BUS ← REG1_A
		1	1		REG2_E ← REG3_A

Allgemein kann man bei dem Entwurf so vorgehen, dass man sich eine Tabelle erstellt, in der die Mikrooperationen den einzelnen Bits des Ansteuervektors A zugeordnet werden. Auf diese Art kommt man direkt zur Größe des Ansteuervektors und zum notwendigen Datentransfer innerhalb des Operationswerkes.

Für den Ansteuervektor ist dabei der (1-aus-n)-Code ein Sonderfall, d. h. wenn jeweils nur ein Bit gesetzt ist für die zugeordnete Mikrooperation.

Für den Datentransfer geht man so vor, dass die Bezeichnungen der Daten-Eingänge oder -Ausgänge von Registern oder Funktionsblöcken für die Zuordnungen verwendet werden.

In Abb. 2.14 ist der Funktionsblock des Operationswerkes mit allen Ein- und Ausgangssignalen dargestellt. Der Statusvektor S ist in die Status-Flags OP_C, OP_S, OP_Z und den Opcode aufgeteilt. Der Opcode wird über den Datenausgang des Instruction-Registers IR_Q herausgeführt.

Die Abb. 2.15 zeigt einen Entwurfsansatz für das Operationswerk. Man kann dabei so vorgehen, dass man in den Funktionsblock des Operationswerkes in Abb. 2.14 die bereits eingeführten Komponenten für die Minimalkonfiguration einträgt. Der zentra-

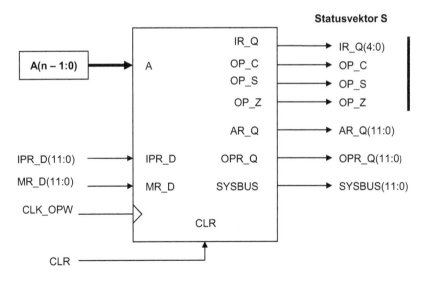

Abb. 2.14: Funktionsblock des Operationswerkes der MPU12.

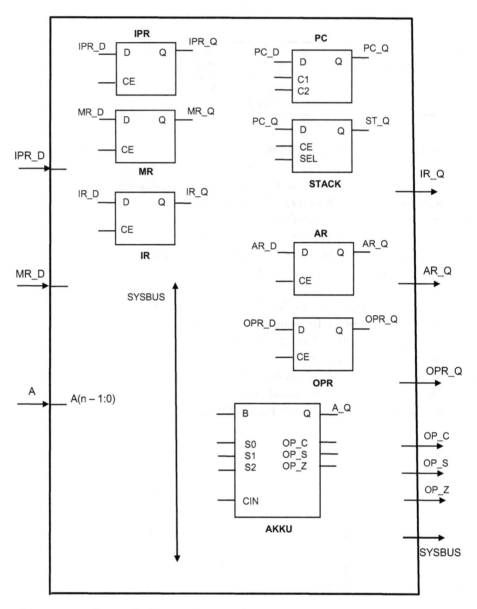

Abb. 2.15: Entwurfsansatz für das Operationswerk der MPU12.

le Datenbus SYSBUS wird ebenfalls eingezeichnet. Die CLK- und CLR-Eingänge sind zur besseren Übersicht weggelassen. Es werden bei dem Blockdiagramm nur die Datenleitungen und Steuersignale berücksichtigt.

Man erhält so einen ersten Ansatz für das Operationswerk. Im Mittelpunkt des Funktionsblocks befindet sich der interne Datenbus für den Datentransfer zwischen den Komponenten. Über den SYSBUS werden die Daten und Adressen transportiert. Die Komponenten des Operationswerkes werden zunächst nur als Funktionsblöcke mit den Ein- und Ausgängen betrachtet, die eine bestimmte Funktion ausführen sollen. Da die notwendigen Komponenten für das Operationswerk schon festgelegt sind, besteht bereits eine unvollständige Abbildung mit den Funktionsblöcken und dem SYSBUS. Einige Komponenten können direkt mit dem SYSBUS verbunden werden, andere müssen über Multiplexer oder Tri-State-Treiber verbunden werden.

Die notwendigen Datenselektoren werden in das unvollständige Blockdiagramm der Abb. 2.15 übernommen.

Als nächstes müssen die Indizes des Ansteuervektors A(i) zugeordnet werden.

Der Ansteuervektor A(i) wird den CE- und Steuer-Eingängen der Register und der Akkumulator(AKKU)-Einheit zugeordnet. Der Ansteuervektor hat den Bereich A(n − 1:0), wobei sich die Laufzahl n durch die Anzahl der Mikrooperationen ergibt. Es entsteht so ein verbessertes Blockdiagramm des Operationswerkes, das in Abb. 2.16 dargestellt ist.

Aus Gründen der Übersicht sind bei einigen Komponenten die Datenleitungen nicht durchgezogen, sondern entsprechend bezeichnet. Es entsteht schrittweise das komplette Blockdiagramm für das Operationswerk mit der zugehörigen Ansteuertabelle. Auf der Abszisse der Ansteuertabelle 2.7 ist der Ansteuervektor aufgetragen, die Größe ist zunächst noch nicht bekannt und ergibt sich durch die Anzahl der Mikrooperationen. Auf der Ordinate sind die einzelnen Mikrooperationen durchnummeriert.

Für die Erstellung der Ansteuertabelle benötigt man nur die Funktionsblöcke mit den zugehörigen Funktionen. Sind die Indizes des Ansteuervektors zugeordnet, ist der Datentransfer zwischen den Funktionsblöcken eindeutig festgelegt.

Bezeichnungen in der Ansteuertabelle

MR_D, MR_Q	: Memory-Register MR Eingang/Ausgang
MR_Q(11:7)	: Opcode OPC(4:0) (Memory-Register)
MR_Q(6:0)	: Adresse ADR(6:0) (Memory-Register)
DI, DO	: RAM-Speicher Eingang/Ausgang
ST_D, ST_Q	: Register-Stack Eingang/Ausgang
OPR_D, OPR_Q	: Output-Register OPR Eingang/Ausgang
IPR_D, IPR_Q	: Input-Register IPR Eingang/Ausgang
PC_D, PC_Q	: Program-Counter PC Eingang/Ausgang
AR_D, AR_Q	: Address-Register AR Eingang/Ausgang
SYSBUS	: Interner Datenbus/Datenausgang
IR_D, IR_Q	: Instruction-Register IR Eingang/Ausgang
B, A_Q	: Akkumulator Eingang/Ausgang
NOP	: No Operation

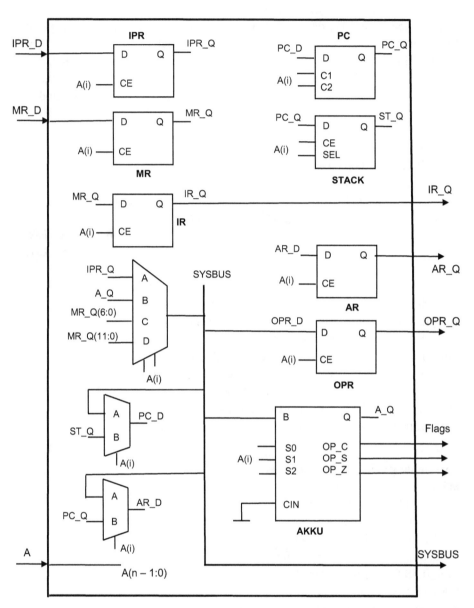

Abb. 2.16: Datentransfer für das Operationswerk der MPU12.

Tab. 2.7: Ansteuertabelle für das Operationswerk.

Nr	16	15	14	13	12	11	10	9	8	7	6	5	4	3	2	1	0	Funktion/Datentransfer
1															1	1	1	PC_Q ← SYSBUS
2														1	1	1	1	PC_Q ← ST_Q
3															1	1		PC_Q ← PC_Q+1
4													1	1				ST_Q ← PC_Q
5											1		1					AR_Q ← SYSBUS
6											1	1						AR_Q ← PC_Q
7										1								MR_Q ← MR_D
8									1									SYSBUS ← A_Q
9								1										SYSBUS ← MR_Q(6:0)
10								1	1									SYSBUS ← MR_Q
11							1											OPR_Q ← SYSBUS
12						1												SYSBUS ← IPR_D
13					1													IR_Q ← MR_Q(11:7)
14				1														DO ← SYSBUS
15			1															A_Q ← A_Q – SYSBUS
16		1																A_Q ← NA(A_Q, SYSBUS)
17		1	1															A_Q ← A_Q + SYSBUS
18	1																	NOP No Operation
19	1		1															A_Q ← SYSBUS
20	1	1																A_Q ← SHR(A_Q)
21	1	1	1															A_Q ← SHL(A_Q)
22																		NOP No Operation

Ansteuervektor A(16:0)

Die Mikrooperationen in der Ansteuertabelle 2.7 sind nummeriert und haben folgende Bedeutung:

1. Datentransfer: Datenbus SYSBUS → Programmzähler (PC_Q)
2. Datentransfer: Register-Stack (ST_Q) → Programmzähler (PC_Q)
3. Programmzähler wird inkrementiert (PC_Q + 1 → PC_Q)
4. Datentransfer: Programmzähler (PC_Q) → Register-Stack (ST_Q)
5. Datentransfer: Datenbus SYSBUS → Address-Register (AR_Q)
6. Datentransfer: Programmzähler (PC_Q) → Address-Register (AR_Q)
7. Datentransfer: Speicher (MR_D) → Memory-Register (MR_Q)
8. Datentransfer: AKKU-Register (A_Q) → Datenbus SYSBUS
9. 7-Bit-Adresse (MR_Q(6:0)) → Datenbus SYSBUS
10. Datentransfer: Memory-Register (MR_Q) → Datenbus SYSBUS
11. Datentransfer: Datenbus SYSBUS → Outputregister (OPR_Q)
12. Datentransfer: Input-Register (IPR_D) → Datenbus SYSBUS
13. Opcode vom Memory-Register (MR_Q) → Instruction-Register (IR_Q)
14. Datentransfer: Datenbus SYSBUS → Speicher RAM (DO)
15. Subtraktion: (A_Q) – SYSBUS → (A_Q), AKKU-Register
16. NAND-Funktion: NA(A_Q, SYSBUS) → (A_Q), AKKU-Register
17. Addition: (A_Q) + SYSBUS → (A_Q), AKKU-Register
18. Daten im Akku-Register (A_Q) bleiben konstant (NOP-Funktion)
19. Datentransfer: SYSBUS → (A_Q), AKKU-Register
20. Logisches Schieben rechts: SHR(A_Q) → (A_Q), AKKU-Register
21. Logisches Schieben links: SHL(A_Q) → (A_Q), AKKU-Register
22. Daten im AKKU-Register (A_Q) bleiben konstant (NOP-Funktion)

Die Abb. 2.17 zeigt das vollständige Blockdiagramm des Operationswerkes. Es sind nicht alle Datenleitungen durchgezogen, die notwendigen Verbindungen sind entsprechend bezeichnet [12].

Wie schon angekündigt, kann das Operationswerk nach der Structural- oder der Behavioral-Methode erstellt werden. Wird der Entwurf mit Hilfe des Ansteuervektors gemacht, ergibt sich automatisch die Strukturierung der Komponenten, d. h. die Structural-Methode. Mit Hlife des Blockdiagramms in Abb. 2.17 ist es sehr einfach geworden, ein VHDL-Modell für das Operationswerk zu erstellen. Das Blockdiagramm kann direkt in den zugehörigen VHDL-Code umgesetzt werden. Dabei bleibt die vorgegebene Struktur des Operationswerkes auch bei der Synthese erhalten. Die Umsetzung in den VHDL-Code wird bei der Modellierung in den Kapiteln 3, 4 und 5 behandelt.

Damit das Operationswerk funktionsfähig ist, müssen die einzelnen Funktionsblöcke noch realisiert werden. Die Realisierung der Komponenten des Operationswerkes erfolgt wie angekündigt mit VHDL-Modellen. Dazu werden verschiedene Modelle sowohl nach der Structural- als auch der Behavioral-Methode behandelt.

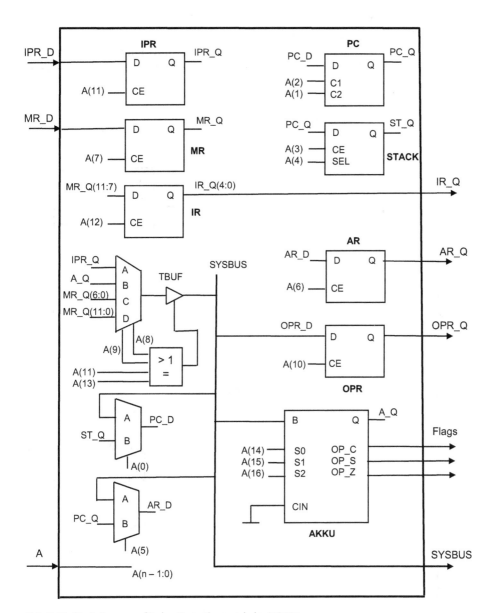

Abb. 2.17: Blockdiagramm für das Operationswerk der MPU12.

2.2.1.2 Entwurf der 12-Bit-Akkumulator-Einheit

Die Abb. 2.18 zeigt die einfache Akkumulator-Einheit (AKKU-Einheit) für den 12-Bit-Mikroprozessor. Für die Realisierung der AKKU-Einheit werden die bereits definierten Funktionen aus der Funktionstabelle 2.5 verwendet.

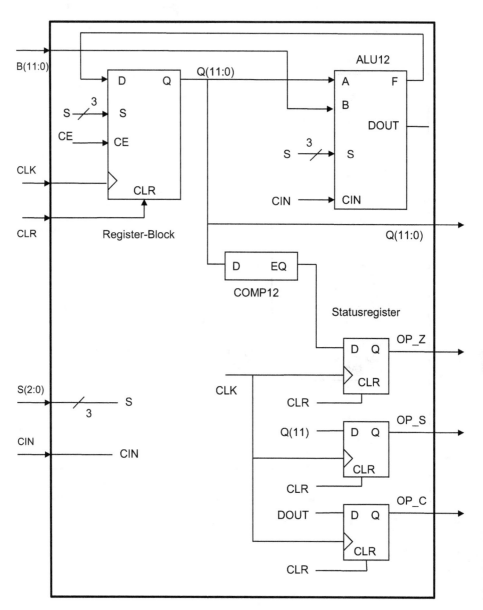

Abb. 2.18: Aufbau der 12-Bit-Akkumulator-Einheit.

Die Datenleitungen in der Abbildung sind nicht alle durchgezogen, sondern entsprechend bezeichnet. Für den Aufbau gibt es eine Reihe von Möglichkeiten, hier werden wie in den meisten Fällen folgende Komponenten verwendet:
- Arithmetisch-Logische-Unit(ALU)
- Register-Block
- Statusregister

Der Register-Block besteht bei der einfachen AKKU-Einheit nur aus einem zentralen Register. In der ALU werden die arithmetischen und logischen Operationen ausgeführt. Das Ergebnis einer Operation wird immer in der Register-Einheit abgelegt. Der Komparator prüft den Registerausgang und setzt den Ausgang des Komparators EQ auf Eins, wenn der Registerinhalt Null ist. Das Vorzeichen wird durch das oberste Bit Q(11) des Registers angezeigt. Der Ausgangsübertrag der Addition und Subtraktion wird durch den Ausgang DOUT der ALU angezeigt. Die ALU-Einheit und das zentrale Register haben den gemeinsamen 3-Bit-Steuereingang S(2:0). Der Dateneingang der AKKU-Einheit B(11:0) ist direkt mit dem internen Datenbus SYSBUS verbunden (siehe Abb. 2.17). Alle Register werden über CLR-Eingänge in den Null-Zustand gesetzt. Die Auswahl einer Operation erfolgt über den Steuereingang S und über die CE-Eingänge (Chip Enable). Diese Steuerleitungen werden vom Steuerwerk bedient. Die Statusregister mit den Ausgängen OP_Z, OP_S und OP_C geben ihren Status an das Steuerwerk weiter. Die Statusmeldungen werden in den Statusregistern zwischengespeichert. Die ALU bekommt über den Eingang A den gespeicherten Operanden aus der Register-Einheit und über den B-Eingang den Operanden vom internen Datenbus. Nach dem Ausführen der Operation wird das Ergebnis wieder in der Register-Einheit abgelegt. Dazu wird das Ergebnis vom Datenausgang der ALU über eine Datenleitung auf den Dateneingang der Register-Einheit zurückgeführt. Mit diesem Trick kommt man bei der einfachen AKKU-Einheit mit einem Zentralregister aus. Das Register muss jedoch als Universal-Register erstellt werden, es muss als steuerbares Register die Schiebefunktionen ausführen.

2.2.1.3 Entwurf der 12-Bit-ALU-Einheit
Wendet man die definierten Funktionen aus der Funktionstabelle 2.5 an, so ergibt sich die folgende Tab. 2.8. Sie stellt die 1-Bit-ALU dar und kann leicht zu einer 12-Bit-Alu erweitert werden.

Die Schaltfunktion Gi wird für die Ausgangsüberträge Ci+1 und Bi+1, d. h der Addition und der Subtraktion verwendet. Die Schaltfunktionen können für die einfache ALU in der folgenden Form zusammengefasst werden:

$$Fi = (D0 \wedge ai) \vee D1 \wedge (ai - bi - ci) \vee D2 \wedge (ai \text{ nand } bi) \vee D3 \wedge (ai + bi + ci)$$
$$\vee \; D4 \wedge ai \vee D5 \wedge bi \vee D6 \wedge ai \vee D7 \wedge ai$$
$$Gi = D1 \wedge (Bi + 1) \vee D3 \wedge (Ci + 1)$$

Tab. 2.8: Funktionstabelle der 1-Bit-ALU der MPU12.

Dj	S2	S1	S0	Funktion Fi	Funktion Gi
D0	0	0	0	$f0 = ai$	$g0 = 0$
D1	0	0	1	$f1 = ai - bi - ci$	$g1 = Bi + 1$
D2	0	1	0	$f2 = ai$ nand bi	$g2 = 0$
D3	0	1	1	$f3 = ai + bi + ci$	$g3 = Ci + 1$
D4	1	0	0	$f4 = ai$	$g4 = 0$
D5	1	0	1	$f5 = bi$	$g5 = 0$
D6	1	1	0	$f6 = ai$	$g6 = 0$
D7	1	1	1	$f7 = ai$	$g7 = 0$

In Abb. 2.19 ist das Blockschaltbild der 1-Bit-ALU dargestellt. Für die Subtraktion wird das Zweier-Komplement verwendet, d. h. die Subtraktion wird auf eine Addition mit dem Zweier-Komplement zurückgeführt.

Für die Funktionen f0, f4, f6 und f7 wird der Eingang ai auf den Ausgang Fi durchgeschaltet. Die Funktionen f6 und f7 werden für die Schiebefunktionen benötigt und

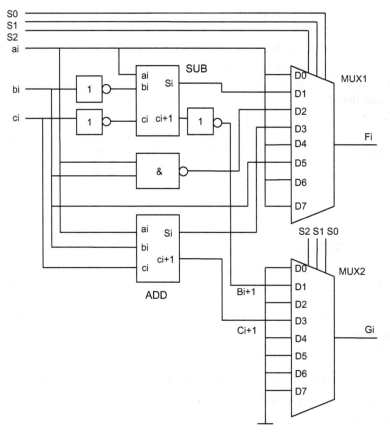

Abb. 2.19: Blockschaltbild der 1-Bit-ALU (MPU12).

in der AKKU-Einheit realisiert. Bei den 1-Bit-Strukturen ist es ratsam, die Einheiten zu optimieren, da sie n-fach eingesetzt werden. Die Möglichkeiten der Optimierung werden in der Regel bei der Synthese betrachtet. Sie werden bei der Erstellung der VHDL-Modelle angesprochen.

2.2.1.4 Entwurf von Universal-Registern

In Abb. 2.20 sind das Blockschaltbild und die zugehörige Funktionstabelle 2.9 für das steuerbare 1-Bit-Universal-Register dargestellt. Der asynchrone CLR-Eingang setzt für CLR = 1 den Ausgang Q_i = 0. Die Steuereingänge S0 und S1 des Multiplexers sind vereinfacht mit Dj (j = 0, 1, 2, 3) zusammengefasst. Solange der CE-Eingang auf null ist, bleibt der Registerinhalt konstant. Für die Steuereingänge D0 und D1 soll das Register geladen werden. Die Steuereingänge D2 und D3 werden für „Shift right" und „Shift left" selektiert.

Beim „Shift right" werden die Werte an den Eingängen Q_{i+1} in Abhängigkeit des Taktes um eine Bit-Position nach rechts geschoben. Beim „Shift left" werden die Werte an den Eingängen Q_{i-1} um eine Bit-Position nach links geschoben. An den Eingängen Di können die 1-Bit-Register geladen werden, d. h. das Laden erfolgt bei n-Bit-Registern parallel. An den jeweiligen Eingängen Q_{i+1} und Q_{i-1} werden für „Shift right" und „Shift left" die Nullen nachgeschoben.

Tab. 2.9: Funktionstabelle für das 1-Bit-Universalregister.

Dj	CLR	CE	S1	S0	Funktion Qi	Wirkung
x	1	x	x	x	$Q_i = 0$	Löschen
x	0	0	x	x	Q_i = konstant	Speichern
D0	0	1	0	0	$Q_i = D_i$	Laden
D1	0	1	0	1	$Q_i = D_i$	Laden
D2	0	1	1	0	$Q_i = Q_i + 1$	Shift right
D3	0	1	1	1	$Q_i = Q_i - 1$	Shift left

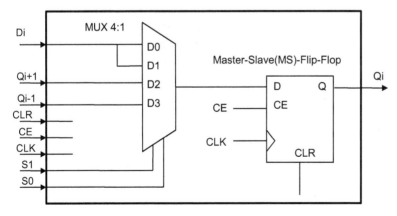

Abb. 2.20: 1-Bit-Universalregister.

Die Erweiterung des 1-Bit-Universalregisters auf ein n-Bit-Register kann leicht durchgeführt werden. Dabei werden oft 4-Bit-Registerblöcke zusammengefaßt. Die 4-Bit-Universal-Register können dann sehr einfach zu 8-, 12- oder (n × 4)-Bit-Funktionsblöcken erweitert werden.

2.2.1.5 Entwurf von Register-Stack-Einheiten

Ein Register-Stack ist ein verketteter Registerblock mit einer LIFO-Struktur (Last In First Out). Das bedeutet, dass das zuletzt eingeschriebene Datenwort als erstes wieder ausgelesen wird. Ein Register-Stack stellt zwei Operationen zur Verfügung:
- Speichern von Daten (PUSH-Befehl)
- Auslesen von Daten (POP-Befehl)

PUSH-Befehl:

Einschreiben eines neuen Datums: Alle gespeicherten Datenworte werden um ein Register nach unten verschoben. Der am Dateneingang anliegende Wert wird in das oberste Register eingeschrieben und steht am Ausgang zur Verfügung.

POP-Befehl:

Entfernen des obersten Registerinhalts: Alle gespeicherten Datenworte werden um ein Register nach oben verschoben. Es kann stets nur auf das oberste Register zugegriffen werden. Die Verschiebung der Registerinhalte erfolgt parallel, d. h. bei einem n-Bit-Register-Stack werden n Bit parallel verschoben. Wie viele Datenworte gespeichert werden können, hängt von der Speichertiefe des Stacks ab. Der Stack ist ein wichtiges Hilfsmittel zur Verarbeitung von Unterprogrammen und Unterbrechungen (Interrupts). Bei Unterprogramm-Aufrufen oder Programmunterbrechungen werden die Statuszustände und Registerinhalte der CPU in dem Register-Stack zwischengespeichert (PUSH-Befehl).

Nach dem Ausführen der Unterprogramme bzw. Unterbrechungen werden die alten Registerinhalte wieder hergestellt (POP-Befehl). Ein Register-Stack wird innerhalb der CPU untergebracht, deshalb ist die Größe des Registerblocks begrenzt. Eine weitere Stackvariante ist die Verwaltung des Stacks im Arbeitsspeicher. Dabei wird mit einem Stackpointer gearbeitet, dies ist ein spezielles Register innerhalb der CPU.

Das Prinzip des Register-Stacks soll in Abb. 2.21 deutlich werden. Die Abbildung zeigt ein Register-Stack mit einer Speichertiefe von vier Worten. Es gelten folgende Bedingungen:
- SEL = 1 → Einschreiben eines neuen Datenwortes (PUSH-Befehl)
- CE = 1
- SEL = 0 → Entfernen des „obersten" Datenwortes (POP-Befehl)
- CE = 1

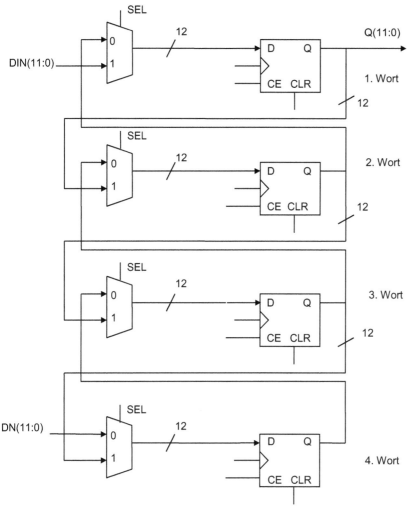

Abb. 2.21: 12-Bit-Register-Stack, Speichertiefe: 4 Worte.

Bei jedem POP-Befehl wird ein 12-Bit-Nullvektor DN nachgeschoben. Die CLK-, CE-
und CLR-Eingänge sind aus Übersichtsgründen nicht durchgezogen. Bei jedem PUSH-
Befehl wird über den DIN-Eingang ein neues Datenwort gespeichert.

Damit es beim Datentransfer nicht zu Lese- und Schreibfehlern kommt, muss zwischen dem Einschreiben eines neuen Datums und dem Auslesen des alten Wertes eine
Verzögerung existieren.

Diese Verzögerung kann mit einem zweiflanken-gesteuerten Register (Master-Slave-
Register) realisiert werden. Bei der Vorderflanke wird der neue Wert im Register gespeichert und erst bei der Rückflanke auf den Ausgang durchgeschaltet. So entsteht
eine konstante Verzögerung.

2.2.2 Entwurf des Steuerwerkes für die MPU12

Das Steuerwerk kann formal als getakteter Automat erstellt werden. Man verwendet häufig Automaten nach dem Mealy- oder Moore-Modell. Hier sollen nur getaktete Automaten nach dem Mealy-Modell betrachtet werden.

Das Mealy-Modell kann mit folgenden Gleichungen beschrieben werden [13]:

$$Y^N = f(X^N, Z^N) \qquad Z^{N+1} = g(X^N, Z^N)$$

An dem Blockdiagramm in Abb. 2.22 ist zu erkennen, dass der Ausgangsvektor Y^N von den Vektoren X^N und Z^N des Schaltnetzes $f(x, z)$ abhängt. Das N ist hier eine Zeitangabe, die auch als diskrete Zeit bezeichnet wird. Die Zeiten N bzw. N + 1 sind infolgedessen die Zeiten vor und nach einer Zustandsänderung. Z^N wird auch als Zustandsvektor und Z^{N+1} als Folgezustandsvektor bezeichnet. Er wird durch das Schaltnetz $g(x, z)$ realisiert. Das Speicherverhalten des Schaltwerkes wird durch die Rückkoppel-Komponente realisiert, die aus Speichergliedern besteht und extern getaktet wird.

Das Steuerwerk soll wie erwähnt mit Hilfe des Mealy-Modells erstellt werden. Da die Nebenbedingungen für das Steuerwerk bereits festliegen (Kap. 2.1.1), kann es als getakteter Automat direkt erstellt werden. Aus der Anzahl der Befehlsphasen ergeben sich die notwendigen Zustände für das Steuerwerk. Wenn man jedem CPU-Takt einen Zustand zuordnet, kommt man auf sieben Zustände, die mit S0 bis S6 bezeichnet werden sollen. Für die formale Erstellung des Automaten werden noch die Ein- und Ausgangsvektoren benötigt.

Der Eingangsvektor X setzt sich zusammen aus dem 5-Bit-Operationscode OPC(4:0), den Steuereingängen IPV und OPREC für das Ein- und Ausgabeprotokoll, den Status-Flags OP_C, OP_S, OP_Z und dem START-Signal. Zum Ausgangsvektor ge-

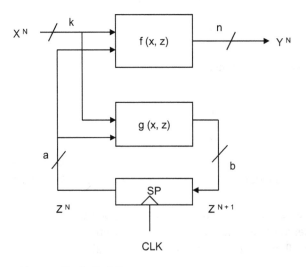

Abb. 2.22: Mealy-Modell.

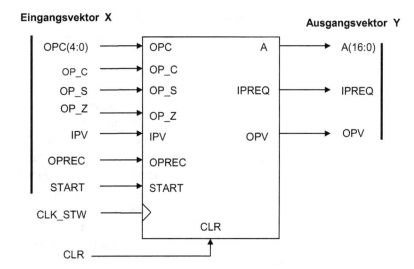

Abb. 2.23: Funktionsblock für das Steuerwerk der MPU12.

hört der 17-Bit-Ansteuervektor A(16:0) und die Signale IPREQ und OPV für das Ein- und Ausgabeprotokoll. Das ergibt den Funktionsblock in Abb. 2.23. Die CLK- und CLR-Eingänge werden als getrennte Eingänge geführt und im Automatenmodell i. a. nicht berücksichtigt. Ein Automat kann formal als Automatengraph, Automatentabelle oder in Form von Automatengleichungen beschrieben werden.

In Abb. 2.24 ist der zugehörige Automatengraph in vereinfachter Form dargestellt. Die Zustandsübergänge sind dabei durchnummeriert. Der vereinfachte Automatengraph zusammen mit der Automatentabelle sollen hier für die Darstellung gewählt werden. Tab. 2.10 zeigt die Automatentabelle für das Steuerwerk der MPU12. In der Tabelle sind die Maschinenbefehle in elementare Transferoperationen, die im Opera-

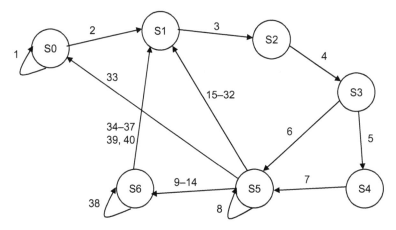

Abb. 2.24: Vereinfachter Automatengraph für das Steuerwerk der MPU12.

tionswerk ablaufen, zerlegt. Der 17-Bit-Ansteuervektor ist dabei bitweise den elementaren Transferoperationen zugeordnet. In der ersten Spalte sind die Zustandsübergänge durchnummeriert [12].

In der zweiten Spalte der Automatentabelle sind die Bedingungen für einen Zustandsübergang und der zugehörige Datentransfer eingetragen. Diese Spalte dient nur dem besseren Verständnis und gehört formal nicht zur Automatenbeschreibung. In den folgenden Spalten sind der Eingangsvektor X, der Zustands- und der Folgezustandsvektor Z bzw. V sowie der Ausgangsvektor Y eingetragen. In der Tabelle sind nur die Zustände eingetragen, die ungleich Null sind. Ein vorangestelltes „N" vor einem Ausdruck soll eine Negation des Ausdrucks angeben. Die Codierung der Zustände S0 bis S6 ist hier nicht explizit angegeben, in der Regel wird eine binäre oder eine „One-Hot"-Codierung gewählt. Bei der „One-Hot"-Codierung wird der (1-aus-n)-Code verwendet.

Für den Operationscode OPC(4:0) sind in der Tabelle die Kürzel für die einzelnen Befehle statt der Binärdarstellung eingetragen. Der Automat wird mit dem synchronen CLR-Signal für CLR = 1 in den Anfangszustand S0 gesetzt, unabhängig vom START-Signal. Solange für das START-Signal START = 0 gilt, bleibt der Automat im Zustand S0. Im Zustand S0 ist das Bit A(11) des Ansteuervektors bereits gesetzt, damit die Startadresse des Maschinenprogramms in das Input-Register IPR geladen werden kann. Für START = 1 geht der Automat in den Zustand S1 und setzt die entsprechenden Bits des Ausgangsvektors Y für den Datentransfer. Bei den nächsten zwei Taktsignalen geht der Automat in den Zustand S2 und dann nach S3 ohne Übergangsbedingung (don't care-Werte) und gibt den entsprechenden Ausgangsvektor Y aus. Im Zustand S3 wird festgestellt, ob der Befehl eine direkte oder indirekte Adressierung hat. Im Fall OPC(0) = 0 ist die Adressierung direkt und es folgt eine Verzweigung nach S5. Im Fall OPC(0) = 1 ist die Adressierung indirekt und es folgt eine Verzweigung nach S4. Im Zustand S5 wird festgestellt, welcher Befehl aufgerufen wurde (Decodierung) und nach S1 oder S6 verzweigt. Im Zustand S4 wird eine 12-Bit-Adresse benötigt.

Am Ende jedes Befehlszyklus geht der Automat wieder in den Zustand S1 über und holt den nächsten Befehl (Instruction Fetch).

Bezeichnungen zu Tab. 2.10

OPC (0) = 0/1   : direkte/indirekte Adressierung
Z   : Zustandsvektor
V   : Folgezustandsvektor
x   : don't-care-Werte
A(16:0)   : Ansteuervektor
A(16:14)   : Steuereingang für ALU
Carry-Flag   : C
Vorzeichen-Flag : S
Zero-Flag   : Z
IPREQ   : Input Request

OPV	: Output Valid
OPREC	: Output Recognized
IPV	: Input Valid
NOP	: No Operation
NV	: Nullvektor
MR_D, MR_Q	: Memory-Register MR: Eingang/Ausgang
MR_Q(11:7)	: Opcode OPC(4:0) (Memory-Register)
MR_Q(6:0)	: Adresse ADR(6:0) (Memory-Register)
DI, DO	: RAM-Speicher: Eingang/Ausgang
ST_D, ST_Q	: Register-Stack: Eingang/Ausgang
OPR_D, OPR_Q	: Output-Register OPR: Eingang/Ausgang
IPR_D, IPR_Q	: Input-Register IPR: Eingang/Ausgang
PC_D, PC_Q	: Program-Counter PC: Eingang/Ausgang
AR_D, AR_Q	: Address-Register AR: Eingang/Ausgang
SYSBUS	: Interner Datenbus/Datenausgang
IR_D, IR_Q	: Instruction-Register IR: Eingang/Ausgang
B, A_Q	: Akkumulator Eingang/Ausgang

Tab. 2.10: Automatentabelle für die MPU12.

Nr.	Bedingungen/Datentransfer	Eingangsvektor X	Z	V	A(16:0)
1	N-Start/SYSBUS ← IPR_D	N-Start	S0	S0	A(11)
2	Start/SYSBUS ← IPR_D	Start	S0	S1	A(11)
	PC_Q ← SYSBUS				A(2, 1)
	AR_Q ← SYSBUS				A(6)
3	xx/PC_Q ← PC_Q + 1	OPC = xxxx	S1	S2	A(2)
	MR_Q ← MR_D				A(7)
4	xx/IR_Q ← MR_Q(11:7)	OPC = xxxx	S2	S3	A(12)
	SYSBUS ← MR_Q(6:0)				A(9)
	AR_Q ← SYSBUS				A(6)
5	OPC(0)/MR_Q ← MR_D	OPC(0) = 1	S3	S4	A(7)
6	N-OPC(0)/NV	OPC(0) = 0	S3	S5	N-Vektor
7	xx/SYSBUS ← MR_Q	OPC = xxxx	S4	S5	A(9, 8)
	AR_Q ← SYSBUS				A(6)
8	(IN ∨ INI) ∧ N-IPV	OPC = (IN ∨ INI) ∧ N-IPV	S5	S5	IPREQ = 1
	SYSBUS ← IPR_D				A(11)
9	RT/PC_Q ← ST_Q	OPC = RT	S5	S6	A(3, 2, 1, 0)
10	(LO ∨ LOI)/MR_Q ← MR_D	OPC = LO ∨ LOI	S5	S6	A(7)
11	(OU ∨ OUI)/MR_Q ← MR_D	OPC = OU ∨ OUI	S5	S6	A(7)
12	(AD ∨ ADI)/MR_Q ← MR_D	OPC = AD ∨ ADI	S5	S6	A(7)
13	(SU ∨ SUI)/MR_Q ← MR_D	OPC = SU ∨ SUI	S5	S6	A(7)
14	(NA ∨ NAI)/MR_Q ← MR_D	OPC = NA ∨ NAI	S5	S6	A(7)
15	(ST ∨ STI)/SYSBUS ← A_Q	OPC = ST ∨ STI	S5	S1	A(8)
	DO ← SYSBUS				A(13)
	AR_Q ← PC_Q				A(6, 5)

Tab. 2.10: (Fortsetzung)

Nr.	Bedingungen/Datentransfer	Eingangsvektor X	Z	V	A(16:0)
16	(IN ∨ INI) ∧ IPV	OPC = (IN ∨ INI) ∧ IPV	S5	S1	
	DO ← SYSBUS				A(13)
	SYSBUS ← IPR_D				A(11)
	AR_Q ← PC_Q				A(6, 5)
17	NOP/AR_Q ← PC_Q	OPC = NOP	S5	S1	A(6, 5)
18	SHR/ACR ← SHR(A_Q)	OPC = SHR	S5	S1	A(16, 15)
	AR_Q ← PC_Q				A(6, 5)
19	SHL/ACR ← SHL(A_Q)	OPC = SHL	S5	S1	A(16, 15, 14)
	AR_Q ← PC_Q				A(6, 5)
20	CA/SYSBUS ← MR_Q(6:0)	OPC = CA	S5	S1	A(9)
	ST_Q ← PC_Q				A(4, 3)
	PC_Q ← SYSBUS				A(2, 1)
21	CAI/SYSBUS ← MR_Q	OPC = CAI	S5	S1	A(9, 8)
	ST_Q ← PC_Q				A(4, 3)
	PC_Q ← SYSBUS				A(2, 1)
22	(JZ ∨ JZI) ∧ N-Z/AR_Q ← PC_Q	OPC = (JZ ∨ JZI) ∧ N-Z	S5	S1	A(6, 5)
23	(JS ∨ JSI) ∧ N-S/AR_Q ← PC_Q	OPC = (JS ∨ JSI) ∧ N-S	S5	S1	A(6, 5)
24	(JC ∨ JCI) ∧ N-C/AR_Q ← PC_Q	OPC = (JC ∨ JCI) ∧ N-C	S5	S1	A(6, 5)
25	JZ ∧ Z/SYSBUS ← MR_Q(6:0)	OPC = JZ ∧ Z	S5	S1	A(9)
	PC_Q ← SYSBUS				A(2, 1)
26	JS ∧ S/SYSBUS ← MR_Q(6:0)	OPC = JS ∧ S	S5	S1	A(9)
	PC_Q ← SYSBUS				A(2, 1)
27	JC ∧ C/SYSBUS ← MR_Q(6:0)	OPC = JC ∧ C	S5	S1	A(9)
	PC_Q ← SYSBUS				A(2, 1)
28	JZI ∧ Z/SYSBUS ← MR_Q	OPC = JZI ∧ Z	S5	S1	A(9, 8)
	PC_Q ← SYSBUS				A(2, 1)
29	JSI ∧ S/SYSBUS ← MR_Q	OPC = JSI ∧ S	S5	S1	A(9, 8)
	PC_Q ← SYSBUS				A(2, 1)
30	JCI ∧ C/SYSBUS ← MR_Q	OPC = JCI ∧ C	S5	S1	A(9, 8)
	PC_Q ← SYSBUS				A(2, 1)
31	JU/SYSBUS ← MR_Q	OPC = JU	S5	S1	A(9)
	PC_Q ← SYSBUS				A(2, 1)
32	JUI/SYSBUS ← MR_Q	OPC = JUI	S5	S1	A(9, 8)
	PC_Q ← SYSBUS				A(2, 1)
33	SP/NV	OPC = SP	S5	S0	N-Vektor
34	(LO ∨ LOI)/SYSBUS ← MR_Q	OPC = LO ∨ LOI	S6	S1	A(9, 8)
	AR_Q ← PC_Q				A(6, 5)
	A_Q ← SYSBUS				A(16, 14)
35	(AD ∨ ADI)/SYSBUS ← MR_Q	OPC = AD ∨ ADI	S6	S1	A(9, 8)
	AR_Q ← PC_Q				A(6, 5)
	A_Q ← A_Q + SYSBUS + CIN				A(15, 14)
36	(SU ∨ SUI)/SYSBUS ← MR_Q	OPC = SU ∨ SUI	S6	S1	A(9, 8)
	AR_Q ← PC_Q				A(6, 5)
	A_Q ← A_Q – SYSBUS – CIN				A(14)

Tab. 2.10: (Fortsetzung)

Nr.	Bedingungen/Datentransfer	Eingangsvektor X	Z	V	A(16:0)
37	$(NA \lor NAI)/SYSBUS \leftarrow MR\_Q$	$OPC = NA \lor NAI$	S6	S1	A(9, 8)
	$AR\_Q \leftarrow PC\_Q$				A(6, 5)
	$A\_Q \leftarrow NAND(A\_Q, SYSBUS)$				A(15)
38	$(OU \lor OUI) \land N\text{-}OPREC$	$OPC = (OU \lor OUI) \land N\text{-}OPREC$	S6	S6	OPV = 1
	$SYSBUS \leftarrow MR\_Q$				A(9, 8)
39	$(OU \lor OUI) \land OPREC$	$OPC = (OU \lor OUI) \land OPREC$	S6	S1	
	$AR\_Q \leftarrow PC\_Q$				A(6, 5)
	$SYSBUS \leftarrow MR\_Q$				A(9, 8)
	$OPR\_Q \leftarrow SYSBUS$				A(10)
40	$RT/AR\_Q \leftarrow PC\_Q$	$OPC = RT$	S6	S1	A(6, 5)

2.3 Modellierung der 12-Bit-Mikroprozessor-Systeme

Im Folgenden werden unterschiedliche Entwürfe für das Mikroprozessor-System vorgestellt. Dabei geht es um VHDL-Modelle, die mit unterschiedlichen VHDL-Strukturen erstellt werden. Mit Hilfe der Synthese-Berichte der Entwicklungs-Software werden die verschiedenen Entwurfsergebnisse diskutiert. An den Entwürfen wird sich zeigen, dass die gewählten VHDL-Modelle einen starken Einfluss auf die Hardware-Realisierung haben.

1. Entwurf: Mikroprozessor-System (1)
Das System(1) enthält folgende Komponenten:
- Mikroprozessor MPU12_1
- RAM-Speicher (wird mit dem VHDL-Editor erstellt)

Der Mikroprozessor MPU12_1 wird strukturiert in die Komponenten:
- Operationswerk OPW_1
- Steuerwerk STW_1

2. Entwurf: Mikroprozessor-System (2)
Das System(2) enthält folgende Komponenten:
- Mikroprozessor MPU12_2
- RAM-Speicher (wird mit dem IP-Core-Generator erstellt)

Der Mikroprozessor MPU12_2 wird strukturiert in die Komponenten:
- Operationswerk OPW_2
- Steuerwerk STW_2

3. Entwurf: Mikroprozessor-System (3)
Das System(3) enthält folgende Komponenten:
- Mikroprozessor MPU12_3
- RAM-Speicher (wird mit dem IP-Core-Generator erstellt)

Der Mikroprozessor MPU12_3 wird strukturiert in die Komponenten:
- Operationswerk OPW_3
- Steuerwerk STW_2

1. Entwurf

Die Strukturierung des Mikroprozessors in das Operationswerk und das Steuerwerk ist vorgegeben. Der Datenaustausch der beiden Automaten erfolgt über eine definierte Schnittstelle, die vom Status- und Ansteuervektor gesteuert wird. Mit Hilfe des Ansteuervektors kann das Operationswerk mit einem Komponentenentwurf relativ einfach erstellt werden. Diese Methode wird daher für alle drei Entwürfe beibehalten. Der Vorteil bei der strukturierten Entwurfsmethode in Operationswerk und Steuerwerk liegt auch darin, dass beide Schaltwerke als unabhängige Automaten erstellt werden können. Es ist lediglich die definierte Schnittstelle, die beide Automaten verknüpft.

Die Komponenten des Operationswerkes werden beim ersten Entwurf strukturiert und Hardware-orientiert aufgebaut. Die Umsetzung der VHDL-Modelle in die Hardware-Realisierung ist damit für das Synthese-Tool vorgegeben. Der RAM-Speicher wird mit Hilfe eines VHDL-Editors erstellt. Diese Methode wird i. d. R. angewendet, wenn kein Core-Generator zur Verfügung steht. Das hat den Vorteil, dass man noch Hersteller-unabhängig ist. Der Nachteil dabei ist, dass beim Einsatz von FPGAs die Ressourcen des Bausteins nicht optimal genutzt werden können.

Das Steuerwerk wird formal als Mealy-Automat erstellt. Die Mealy- und Moore-Automaten-Modelle werden oft beim Prozessorentwurf eingesetzt. Für die Zustandscodierung des Automaten wird eine binäre Codierung gewählt. Die zugehörige Automatentabelle kann mit Hilfe des Ansteuervektors erstellt werden. Der Ansteuervektor A ergibt mit den Signalen IPREQ (Input-Request) und OPV (Output Valid) den Ausgangsvektor Y des Steuerwerkes. Der Eingangsvektor X ergibt sich aus dem 5-Bit-Operationscode OPC(4:0), den Statusflags und dem START-Signal.

Beim Entwurf des Steuerwerkes wird sich zeigen, dass die Wahl der Codierung einen Einfluss auf die Hardware-Realisierung hat. Für das VHDL-Modell wird die Behavioral-Methode gewählt.

2. Entwurf

Die Strukturierung des Mikroprozessors in Operationswerk und Steuerwerk bleibt erhalten. Es werden alle Komponenten des Operationswerkes bis auf die AKKU-Einheit nach der Behavioral-Methode erstellt. Die Umsetzung der VHDL-Modelle in die Hardware-Realisierung ist damit sehr stark von der VHDL-Modellierung abhängig. Dem

Synthese-Tool werden dabei viele Optimierungsmöglichkeiten überlassen, die durch vorgegebene Parameter beeinflusst werden können. Bei dem Entwurf des RAM-Speichers wird ein IP-Core-Generator verwendet. Dabei wird Hersteller-spezifische Software verwendet, die den RAM-Speicher generiert. Im FPGA sind dafür spezielle Speicherbereiche reserviert [14].

Für den Entwurf des Steuerwerkes wird wieder ein Mealy-Automat verwendet. Für die Zustandscodierung wird hier die (1-aus-n)-Codierung gewählt, die auch als „One-Hot"-Codierung bezeichnet wird. Es wird sich zeigen, dass die Wahl der Codierungen zu unterschiedlichen Synthese-Ergebnissen führt. Als VHDL-Modell wird wie beim Steuerwerk(1) die Behavioral-Methode verwendet.

3. Entwurf

Bei diesem Entwurf wird nur das Operationswerk geändert, das Steuerwerk und der RAM-Speicher bleiben unverändert.

Es wird die gesamte AKKU-Einheit des Operationswerkes nach der Behavioral-Methode erstellt. Das Operationswerk wird somit nur durch die AKKU-Einheit verändert. Die VHDL-Struktur besteht dabei nur noch aus **process**- und **signal**-Zuweisungen. Durch die Wahl der Anweisungen lässt sich das Synthese-Ergebnis und die Umsetzung in Hardware stark beeinflussen. Bei dem dritten Entwurf wird sich zeigen, dass es nach dem Synthese-Bericht zu keinen gravierenden Änderungen gegenüber dem Operationswerk(2) führt. Der Grund liegt im Wesentlichen in der Wahl der VHDL-Konstrukte.

3 Modellierung des 12-Bit-Mikroprozessor-Systems(1)

Die Abb. 3.1 zeigt das Blockdiagramm des Mikroprozessor-Systems. Die CLK-Eingänge für die Komponenten Operationswerk, Steuerwerk und RAM-Speicher müssen im richtigen Zeitpunkt getaktet werden. Hier wird ein Taktgeber (CLK_MOD_1) als Frequenzteiler verwendet, der die Takteingänge anpassen soll. Die Taktung ist von den Signallaufzeiten in den einzelnen Komponenten abhängig und kann bei der Timing Simulation des Mikroprozessorsystems genau ermittelt werden. Im Idealfall werden die drei Komponenten synchron getaktet. Der Taktgeber ist ein einfaches VHDL-Modell und kann an die Taktbegingungen des Systems angepasst werden. Bei dem vorliegenden einfachen Mikroprozessor-System bekommen das Operationswerk und der RAM-Speicher das gleiche Taktsignal (CLK_1), das Steuerwerk bekommt ein verzögertes Taktsignal (CLK_2). Die Ausgangstakte sind gegenüber dem CLK-Eingang halbiert. Aus der vorgegebenen Strukturierung des Systems ergeben sich einfache und überschaubare

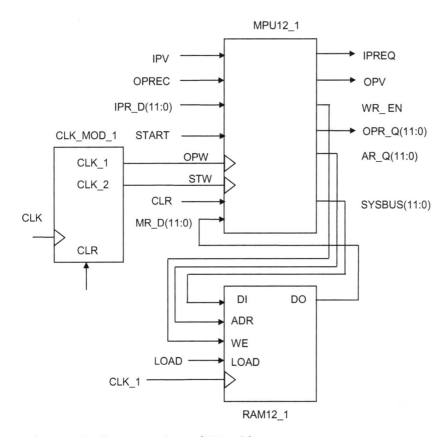

Abb. 3.1: 12-Bit-Mikroprozessor-System (MPU12_S1).

https://doi.org/10.1515/9783110583069-003

Taktbedingungen. Eine genaue Timing-Analyse bekommt man bei der Timing Simulation, auf die später eingegangen wird.

Bei dem vorliegenden Mikroprozessor-System(1) wird der RAM-Speicher mit einem VHDL-Editor erstellt. Der VHDL-Code des RAM-Speichers ist mit Standard-VHDL erstellt und nicht Hersteller-abhängig. Vor dem Starten des Prozessors erfolgt die Initialisierung des Speichers. Der Speicher wird über den LOAD-Eingang mit dem Maschinen-Programm geladen.

Im Folgenden wird auf die strukturierten VHDL-Modelle eingegangen. Dabei wird für alle Modelle Standard-VHDL verwendet. Damit der VHDL-Code unabhängig von der jeweiligen Entwicklungs-Software ist, werden keine Hersteller-abhängigen Bibliotheken verwendet.

Die Komponenteninstanzen (Component Instances) werden bei dem Structural-Code immer nebenläufig, d. h. parallel abgearbeitet. Die vorgegebenen Strukturen bleiben auch nach der Synthese erhalten.

3.1 VHDL-Code für das System MPU12_S1

```
--------
library ieee;
use ieee.std_logic_1164.all;
use ieee.std_logic_arith.all;
use ieee.std_logic_unsigned.all;
---- Entity Declaration ----
entity MPU12_S1 is port (
        OPR_Q : out std_logic_vector(11 downto 0);
        IPR_D : in std_logic_vector(11 downto 0);
        CLK : in std_logic;
        CLR : in std_logic;
        IPV : in std_logic;
        START : in std_logic;
        LOAD : in std_logic;
        OPREC : in std_logic;
        IPREQ : out std_logic;
        OPV : out std_logic);
end MPU12_S1;
---- Architecture Declaration ----
architecture MPU12_ARCH of MPU12_S1 is
---- Component Declaration ----
component MPU12_1 port ( -- 12-Bit-Prozessor
        MR_D : in std_logic_vector(11 downto 0);
        SYSBUS : inout std_logic_vector(11 downto 0);
```

```vhdl
        OPR_Q : out std_logic_vector(11 downto 0);
        IPR_D : in std_logic_vector(11 downto 0);
        AR_Q : out std_logic_vector(11 downto 0);
        WR_EN : out std_logic;
        CLR : in std_logic;
        CLK_STW : in std_logic;
        CLK_OPW : in std_logic;
        IPV : in std_logic;
        IPREQ : out std_logic;
        OPV : out std_logic;
        OPREC : in std_logic;
        START : in std_logic);
end component;
--------
component RAM12_1 port ( -- RAM-Speicher als VHDL-Modell
        DI : in std_logic_vector(11 downto 0);
        ADR : in std_logic_vector(6 downto 0);
        DO : out std_logic_vector(11 downto 0);
        WE : in std_logic;
        LOAD : in std_logic;
        CLK : in std_logic);
end component;
--------
component CLK_MOD_1 port ( -- Frequenzteiler mit Delay als Taktgeber
        CLK : in std_logic;
        CLR : in std_logic;
        CLK_1 : out std_logic; -- CLK/2
        CLK_2 : out std_logic); -- CLK/2 + Delay
end component;
---- Signal Declaration ----
signal WR_IN : std_logic;
signal DA_1 : std_logic_vector(11 downto 0);
signal SYS_IN : std_logic_vector(11 downto 0);
signal ADR_IN : std_logic_vector(6 downto 0);
signal IN_CLK_OPW : std_logic;
signal IN_CLK_STW : std_logic;
signal GND5 : std_logic_vector(4 downto 0);
begin
---- Signal Assignments ----
        GND5 <= "00000"; -- 5-Bit-Ground
---- Component Instances ----
MPU12_1A : MPU12_1 port map( -- 12-Bit-Prozessor
```

```
        MR_D => DA_1,
        SYSBUS => SYS_IN,
        OPR_Q => OPR_Q,
        IPR_D => IPR_D,
        AR_Q(11 downto 7) => GND5(4 downto 0), -- 5-Bit-Ground
        AR_Q(6 downto 0) => ADR_IN(6 downto 0), -- 7 Bit-ADR
        WR_EN => WR_IN,
        CLR => CLR,
        CLK_STW => IN_CLK_STW,
        CLK_OPW => IN_CLK_OPW,
        IPV => IPV,
        IPREQ => IPREQ,
        OPV => OPV,
        OPREC => OPREC,
        START => START);
--------
CLK_MOD1 : CLK_MOD_1 port map( -- Frequenzteiler als Taktgeber
        CLK => CLK,
        CLR => CLR,
        CLK_1 => IN_CLK_OPW, -- CLK/2,
        CLK_2 => IN_CLK_STW); -- CLK/2 + Delay
--------
RAM12_1A : RAM12_1 port map( -- RAM-Speicher als VHDL-Modell
        DI => SYS_IN, -- Data In
        ADR(6 downto 0) => ADR_IN(6 downto 0), -- 7-Bit-ADR
        DO => DA_1, -- Data Out
        WE => WR_IN, -- Write Enable
        LOAD => LOAD, -- Initialisierung RAM
        CLK => IN_CLK_OPW);
end MPU12_ARCH;
--------
```

3.2 VHDL-Code für den Mikroprozessor MPU12_1

Der Mikroprozessor wird in die Komponenten Operationswerk und Steuerwerk strukturiert. Die Bezeichnungen der Ein- und Ausgangssignale vom Entwurf aus Kap. 2 werden dabei bis auf kleine Ausnahmen beibehalten.

```
--------
-- Mikroprozessor MPU12_1.VHD
--------

library ieee;
use ieee.std_logic_1164.all;
```

```vhdl
use ieee.std_logic_unsigned.all;
use ieee.numeric_std.all;
---- Entity Declaration ----
entity MPU12_1 is port (
        OPR_Q : out std_logic_vector(11 downto 0);
        IPR_D : in std_logic_vector(11 downto 0);
        AR_Q : out std_logic_vector(11 downto 0);
        MR_D : in std_logic_vector(11 downto 0);
        SYSBUS : inout std_logic_vector(11 downto 0);
        CLK_STW : in std_logic;
        CLR : in std_logic;
        CLK_OPW : in std_logic;
        WR_EN : out std_logic;
        IPV : in std_logic;
        START : in std_logic;
        OPREC : in std_logic;
        IPREQ : out std_logic;
        OPV : out std_logic);
end MPU12_1;
---- Architecture Declaration ----
architecture MPU_ARCH of MPU12_1 is
---- Component Declaration ----
component STW12_1 port ( -- 12-Bit-Steuerwerk
        A : out std_logic_vector(16 downto 0);
        OPC : in std_logic_vector(4 downto 0);
        CLR : in std_logic;
        CLK : in std_logic;
        IPV : in std_logic;
        OP_Z : in std_logic;
        OP_S : in std_logic;
        OP_C : in std_logic;
        IPREQ : out std_logic;
        OPV : out std_logic;
        OPREC : in std_logic;
        START : in std_logic);
end component;
--------
component OPW12_1 port ( -- 12-Bit-Operationswerk
        MR_D : in std_logic_vector(11 downto 0);
        IPR_D : in std_logic_vector(11 downto 0);
        AR_Q : out std_logic_vector(11 downto 0);
        IR_Q : out std_logic_vector(4 downto 0);
```

```vhdl
        OPR_Q : out std_logic_vector(11 downto 0);
        SYSBUS : inout std_logic_vector(11 downto 0);
        A : in std_logic_vector(16 downto 0);
        CLK : in std_logic;
        CLR : in std_logic;
        OP_C : out std_logic;
        OP_S : out std_logic;
        OP_Z : out std_logic);
end component;
---- Signal Declaration ----
signal ST_C1 : std_logic;
signal ST_S1 : std_logic;
signal ST_Z1 : std_logic;
signal A : std_logic_vector(16 downto 0);
signal OPC : std_logic_vector(4 downto 0);
-----

begin
---- Signal Assignments ----
WR_EN <= A(13); -- Write enable
---- Component Instances ----
STW_1A : STW12_1 port map( -- 12-Bit-Steuerwerk
        A => A,
        OPC => OPC,
        CLR => CLR,
        CLK => CLK_STW,
        IPV => IPV,
        IPREQ => IPREQ,
        OP_Z => ST_Z1,
        OP_S => ST_S1,
        OP_C => ST_C1,
        OPV => OPV,
        OPREC => OPREC,
        START => START);
--------

OPW_1A : OPW12_1 port map( -- 12-Bit-Operationswerk
        MR_D => MR_D,
        IPR_D => IPR_D,
        AR_Q => AR_Q,
        IR_Q => OPC,
        OPR_Q => OPR_Q,
        SYSBUS => SYSBUS,
        A => A,
```

```
         CLK => CLK_OPW,
         CLR => CLR,
         OP_C => ST_C1,
         OP_S => ST_S1,
         OP_Z => ST_Z1);
end MPU_ARCH;
--------
```

3.3 VHDL-Modell für den RAM-Speicher

RAMs können in vielen Varianten als VHDL-Modell erstellt werden. Hier soll der VHDL-Code für den RAM-Speicher mit Hilfe eines VHDL-Editors erstellt werden. Beim Einsatz des Editors soll nur Standard-VHDL mit den entsprechenden Standard-Bibliotheken verwendet werden, damit der Source-Code unabhängig vom Entwicklungssystem ist. Der VHDL-Editor ist ein Texteditor, bei dem die Schlüsselwörter in VHDL farbig dargestellt werden. Das RAM soll folgende Eigenschaften haben:

- Schreiben taktabhängig
- Lesen taktunabhängig
- Datenbreite 12 Bit
- Adressbereich 8 Bit

Für die Modellierung des RAMs in VHDL kann ein Datentyp definiert werden, der die Speichermatrix beschreibt. Die Syntax für die Verwendung des Datentyps lautet in diesem Fall:

```
---- Array Datentyp ----
type RAM12 is array (255 downto 0) of std_logic_vector(11 downto 0);
--------
```

Der Datentyp besteht aus einer Matrix von 256 Vektoren mit einer Breite von 12 Bit. Die Ein- und Ausgangssignale für das RAM zeigt der Funktionsblock in Abb. 3.2. Der Write-Enable-(WE)-Eingang steuert den Schreib-Lese-Modus:

- WE = 1 → Speichern eines 12 Bit Wertes
- WE = 0 → Lesen eines 12 Bit Wertes

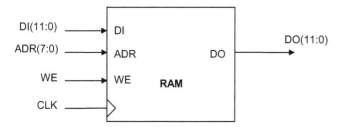

Abb. 3.2: Funktionsblock des statischen synchronen RAMs.

Die Eigenschaften beschreiben ein statisches synchrones RAM (SSRAM). Das entspre-
chende VHDL-Modell hat die unten gezeigte Form.

```
--------
-- VHDL-Code für das 12-Bit-RAM
--------
library ieee;
use ieee.std_logic_1164.all;
use ieee.std_logic_arith.all;
use ieee.std_logic_unsigned.all;
---- Entity Declaration ----
entity RAM12 is port (
       CLK : in std_logic;
       DI : in std_logic_vector(11 downto 0);
       WE : in std_logic;
       ADR : in std_logic_vector(7 downto 0);
       DO : out std_logic_vector(11 downto 0));
end RAM12;
---- Architecture Declaration ----
architecture RAM_ARCH of RAM12 is
type RAM_SP is array (255 downto 0) of std_logic_vector(11 downto 0);
---- Signal Declaration ----
signal RAM256: RAM_SP;
begin
---- Process Statement ----
d1: process (CLK)
begin
if (CLK'event and CLK = '1') then
       if WE = '1' then
       RAM256 (conv_integer(ADR)) <= DI;
       end if;
       end if;
end process d1;
---- Signal Assignment ----
DO <= RAM256 (conv_integer(ADR));
end RAM_ARCH;
--------
```

Für die Adressierung der Speichermatrix wird die 8-Bit-Adresse ADR in einen Integer-
Wert umgerechnet. Dazu kann man eine eigene Funktion erstellen oder die vorhandene Funktion aus der Standard-Bibliothek „conv_integer(vector)" verwenden, die
den 8-Bit-Vektor ADR in einen Integer-Wert umrechnet. Der VHDL-Code beschreibt ein
taktabhängiges Schreiben und ein taktunabhängiges Lesen. Die **process**-Anweisung

und die anschließende Signalzuweisung wirken dabei wie eine Modellierung von zwei Prozessen, d. h. die Anweisungen werden nebenläufig ausgeführt. Bei der Modellierung der RAMs muss man folgende Punkte beachten:
- Funktionale Simulation des Modells
- Synthetisierbarkeit des Modells
- Timing Simulation des Modells
- Hardware-Ressourcen

Es lassen sich viele VHDL-Modelle für RAM-Speicher erstellen, für die eine funktionale Simulation erfolgreich durchgeführt werden kann. Die Modelle sind jedoch oft nicht synthetisierbar. Es gibt in VHDL gewisse Standardregeln, die Aussagen über die Synthetisierbarkeit machen [7]. Im Einzelfall muss man jedoch immer das VHDL-Modell mit dem vorhandenen Synthese-Tool überprüfen. Synthese-Tools und die vorhandenen Hardware-Ressourcen sind i. a. aufeinander abgestimmt. In diesem Fall greift das Synthese-Tool während des Synthesevorgangs auf die Baustein-Bibliotheken und die Ziel-Hardware zurück.

Eine Timing Simulation kann nur durchgeführt werden, wenn das VHDL-Modell synthetisierbar ist und eine Netzliste mit den zugehörigen Verzögerungszeiten existiert. Soll das erstellte RAM-Modell als Arbeitsspeicher für den Prozessor MPU12 verwendet werden, so muss das VHDL-Modell entsprechend angepasst werden. Das RAM muss zunächst initialisiert werden mit den Anfangswerten und den Maschinenbefehlen für den Prozessor.

VHDL-Code des 12-Bit-RAM-Speichers mit Initialisierung

Die Initialisierung des RAMs kann in folgender Form vorgenommen werden:
- Daten und Source-Code in den Editor eingeben
- Daten und Source-Code in ein externes Datenfile eingeben

Hier wird die erste Form verwendet. Der folgende VHDL-Code zeigt den Aufbau des RAM-Speichers mit Hilfe eines Editors. Das Eingangssignal LOAD steuert das Laden des RAMs, indem das **array** MEM_DATA mit Werten initialisiert wird. Während der Programmausführung ist ein Lese- und Schreibzugriff auf den Speicher möglich [14].

```
--------
-- Modul RAM12_1.VHD
--------
library ieee;
use ieee.std_logic_1164.all;
use ieee.std_logic_arith.all;
use ieee.std_logic_unsigned.all;
---- Entity Declaration ----
entity RAM12_1 is port (
```

```vhdl
        ADR : in std_logic_vector(6 downto 0);
        DO : out std_logic_vector(11 downto 0);
        DI : in std_logic_vector(11 downto 0);
        LOAD : in std_logic;
        WE : in std_logic;
        CLK : in std_logic);
end RAM12_1;
---- Architecture Declaration ----
architecture RAM_ARCH of RAM12_1 is
--------
type MEM_DATA is array (127 downto 0) of std_logic_vector(11 downto 0);
begin
---- Process Statement ----
INI: process (LOAD, ADR, CLK, DI)
---- Variable Declaration ----
variable VD: MEM_DATA;
begin
        if LOAD = '1' then
---- Daten des 12-Bit-RAM (Initialisierung) ----
        VD(0) := ... 12-Bit-Datum (binär) ...; -- Adresse 0 Dez
        ...
        VD(127) := ... 12-Bit-Datum (binär) ...; -- Adresse 127 Dez
--------

        else
if (CLK'event and CLK = '1') then
        if WE = '1' then
        VD (conv_integer (ADR)) := DI; -- Daten ins RAM schreiben
        end if;
end if;
        end if;
---- Signal Assignment ----
        DO <= VD (conv_integer (ADR)); -- Daten aus RAM lesen
end process INI;
end RAM_ARCH;
--------
```

3.4 VHDL-Code für den Frequenzteiler(1)

Bei der Modellierung in Kap. 3.1 wurde bereits der externe Taktgeber (CLK_MOD_1) für das Mikroprozessor-System eingeführt. Es ist eine einfache Methode beim VHDL-Entwurf, da der Taktgeber mit VHDL-Code erstellt wird. Der folgende VHDL-Code zeigt den Taktgeber als Frequenzteiler mit zwei CLK-Ausgängen, die gegenüber dem CLK-Eingang um den Faktor zwei geteilt sind. Der CLK_2-Ausgang ist gegenüber CLK_1 um die Periode T/4 verzögert. Diese Verzögerung ist notwendig für die Taktung des Steuerwerkes, weil das RAM zuerst die aktuelle Adresse benötigt, bevor ein Speicherinhalt gelesen werden kann. Änderungen der Taktbedingungen können leicht beim Taktgeber-Modul eingegeben werden.

```vhdl
--------
-- Modul CLK_MOD_1.VHD
-- Frequenzteiler mit Verzögerung
-- CLK_1 = CLK/2
-- CLK_2 = CLK/2 + Delay
--------
library ieee;
use ieee.std_logic_1164.all;
use ieee.std_logic_arith.all;
use ieee.std_logic_unsigned.all;
---- Entity Declaration ----
entity CLK_MOD_1 is port (
        CLK : in std_logic;
        CLR : in std_logic;
        CLK_1 : out std_logic;
        CLK_2 : out std_logic);
end CLK_MOD_1;
---- Architecture Declaration ----
architecture CLK_MOD_ARCH of CLK_MOD_1 is
---- Component Declaration ----
component FDC_A port ( -- 1-Bit-Register
        D : in std_logic;
        CLK : in std_logic;
        CLR : in std_logic;
        Q : out std_logic);
end component;
--------
component INV_A port ( -- Inverter
        I : in std_logic;
        O : out std_logic);
end component;
---- Signal Declaration ----
signal IN1 : std_logic;
signal IN2 : std_logic;
signal IN3 : std_logic;
```

```
signal IN4 : std_logic;
signal IN5 : std_logic;
begin
---- Signal Assignments ----
      CLK_1 <= IN3; -- CLK/2
---- Component Instances ----
U1 : INV_A port map( -- Inverter
      I => IN3,
      O => IN1);
--------
U2 : INV_A port map( -- Inverter
      I => IN4,
      O => IN2);
--------
U3 : INV_A port map( -- Inverter
      I => CLK,
      O => IN5);
--------
U4 : FDC_A port map( -- 1-Bit-Register
      D => IN1,
      CLK => CLK,
      CLR => CLR,
      Q => IN3);
--------
U5 : FDC_A port map( -- 1-Bit-Register
      D => IN2,
      CLK => CLK,
      CLR => CLR,
      Q => IN4);
--------
U6 : FDC_A port map( -- 1-Bit-Register
      D => IN4,
      CLK => IN5,
      CLR => CLR,
      Q => CLK_2); -- CLK/2 + Delay
end CLK_MOD_ARCH;
--------
```

Die Abb. 3.3 zeigt die Schaltung des Frequenzteilers, die vom Synthese-Tool des Entwicklungs-Systems generiert wurde. Die strukturierten Komponenten des VHDL-Modells sind erhalten geblieben. Das Synthese-Tool hat keine Veränderungen vorgenommen.

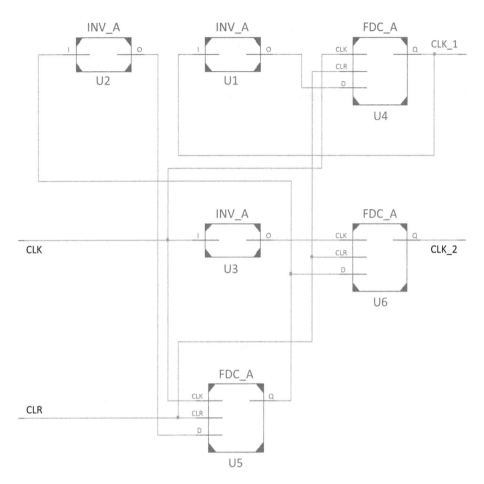

Abb. 3.3: Synthetisierte Schaltung des Frequenzteilers(1).

3.5 VHDL-Modell für das 12-Bit-Steuerwerk(1)

Für die Erstellung des VHDL-Modells für den Automaten gibt es mehrere Möglichkeiten. Hier sind nur zwei aufgezählt:
- Generierung des VHDL-Codes mit Hilfe eines FSM-Editors
- Entwickeln des VHDL-Codes mit einem VHDL-Editor

Im ersten Fall wird mit einem FSM-Editor gearbeitet (FSM: Finite State Machine). Zunächst wird der Automatengraph mit dem FSM-Editor erstellt und anschließend wird daraus der VHDL-Code generiert. Bei der Verwendung des FSM-Editors kann direkt die Automatentabelle (siehe Tab. 2.10) in den Editor eingegeben werden. Dabei müssen die Zustände und Zustandsübergänge des Automaten beachtet werden.

Im zweiten Fall wird mit einem VHDL-Editor gearbeitet. Bei der Verwendung des VHDL-Editors wird direkt der VHDL-Code erstellt, um den Automaten zu beschreiben. Für den vorliegenden Fall soll die zweite Methode angewendet werden. Es können verschiedene Verhaltensbeschreibungen für VHDL verwendet werden. Der folgende VHDL-Code zeigt eine Modellierung nach dem Mealy-Modell.

```vhdl
--------
-- Modul STW12_1.VHD
--------
library ieee;
use ieee.std_logic_1164.all;
use ieee.std_logic_arith.all;
use ieee.std_logic_unsigned.all;
---- Entity Declaration ----
entity STW12_1 is port (
        CLK : in std_logic;
        CLR : in std_logic;
        IPV : in std_logic;
        OPREC : in std_logic;
        OPC : in std_logic_vector(4 downto 0);
        START : in std_logic;
        A : out std_logic_vector(16 downto 0);
        IPREQ : out std_logic;
        OP_Z : in std_logic;
        OP_S : in std_logic;
        OP_C : in std_logic;
        OPV : out std_logic);
end STW12_1;
---- Architecture Declaration ----
architecture STW_ARCH of STW12_1 is
---- Signal Declaration ----
type Sreg0_type is (S0, S1, S2, S3, S4, S5, S6); -- Zustände des
    Automaten
--------
attribute enum_cod: string;
attribute enum_cod of Sreg0_type: type is "000_001_010_011_100_101_110";
--------
signal Sreg0: Sreg0_type;
begin
---- Process Statement ----
d1: process (CLK)
```

```vhdl
begin
if CLK'event and CLK = '1' then -- IF-Schleife Taktflanke
        if CLR = '1' then -- IF-Schleife CLR synchron
        Sreg0 <= S0;
        else
---- Case Statement ----
        case Sreg0 is
---- S0 ----
        when S0 => -- Ruhezustand
        if START = '0' then -- IF-Schleife START
                Sreg0 <= S0;
        elsif START = '1' then
                Sreg0 <= S1;
        end if;
---- S1 ----
        when S1 => -- Starten
                Sreg0 <= S2;
---- S2 ----
        when S2 =>
                Sreg0 <= S3;
---- S3 ----
        when S3 =>
        if OPC(0) = '1' then -- IF-Schleife Zustand S3
                Sreg0 <= S4; -- indirekte Adressierung
        elsif OPC(0) = '0' then -- direkte Adressierung
                Sreg0 <= S5;
        end if;
---- S4 ----
        when S4 =>
                Sreg0 <= S5;
---- S5 ----
        when S5 => -- IF-Schleife Zustand S5 (Anfang)
        if OPC = "10100" or OPC = "10110" then -- SHR or SHL
                Sreg0 <= S1;
        elsif OPC = "00010" or OPC = "00011" then -- ST or STI
                Sreg0 <= S1;
        elsif (OPC = "00100" or OPC = "00101") and IPV = '1' then -- IN
            or INI
                Sreg0 <= S1;
        elsif OPC = "01110" or OPC = "01111" then -- JU or JUI
                Sreg0 <= S1;
        elsif OPC = "01000" or OPC = "01001" then -- JZ or JZI
```

```
              Sreg0 <= S1;
   elsif OPC = "01010" or OPC = "01011" then -- JS or JSI
              Sreg0 <= S1;
   elsif OPC = "01100" or OPC = "01101" then -- JC or JCI
              Sreg0 <= S1;
   elsif OPC = "11110" or OPC = "11111" then -- LO or LOI
              Sreg0 <= S6;
   elsif OPC = "00000" or OPC = "00001" then -- OU or OUI
              Sreg0 <= S6;
   elsif OPC = "11000" or OPC = "11001" then -- AD or ADI
              Sreg0 <= S6;
   elsif OPC = "11010" or OPC = "11011" then -- SU or SUI
              Sreg0 <= S6;
   elsif OPC = "11100" or OPC = "11101" then -- NA or NAI
              Sreg0 <= S6;
   elsif OPC = "00010" or OPC = "00011" then -- ST or STI
              Sreg0 <= S1;
   elsif OPC = "00110" then -- STOP
              Sreg0 <= S0;
   elsif OPC = "10010" then -- RETURN
              Sreg0 <= S6;
   elsif (OPC = "00100" or OPC = "00101") and IPV = '0' then -- IN
       or INI
              Sreg0 <= S5;
   elsif OPC = "10000" or OPC = "10001" then -- CA or CAI
              Sreg0 <= S1;
   elsif OPC = "00111" or OPC = "10011" then -- NOP (Res.)
              Sreg0 <= S1;
   elsif OPC = "10101" or OPC = "10111" then -- NOP (Res.)
              Sreg0 <= S1;
   end if; -- IF-Schleife Zustand S5 (Ende)
---- S6 ----
   when S6 => --IF-Schleife Zustand S6 (Anfang)
   if OPC = "11110" or OPC = "11111" then -- LO or LOI
              Sreg0 <= S1;
   elsif OPC = "11000" or OPC = "11001" then -- AD or ADI
              Sreg0 <= S1;
   elsif OPC = "11010" or OPC = "11011" then -- SU or SUI
              Sreg0 <= S1;
   elsif OPC = "11100" or OPC = "11101" then -- NA or NAI
              Sreg0 <= S1;
```

```vhdl
        elsif (OPC = "00000" or OPC = "00001") and OPREC = '0' then -- OU
            or OUI
                Sreg0 <= S6;
        elsif (OPC = "00000" or OPC = "00001") and OPREC = '1' then -- OU
            or OUI
                Sreg0 <= S1;
        elsif OPC = "10010" then -- RETURN
                Sreg0 <= S1;
        end if; -- IF-Schleife Zustand S6 (Ende)
        when others => null;
        end case;
        end if; -- IF-Schleife Taktflanke
end if; -- IF-Schleife CLR synchron
end process d1;
---- Signal Assignment Statements ----
A_assignment:
---- Ansteuervektor A(16:0) ----
---- S0 : Ruhezustand ----
A <= "00000100000000000" when (Sreg0 = S0 and START = '0') else
"00000100001000110" when (Sreg0 = S0 and START = '1') else
---- S1 ----
"00000000010000100" when (Sreg0 = S1) else -- Befehl holen
---- S2 ----
"00001001001000000" when (Sreg0 = S2) else -- Befehl decodieren
---- S3 ----
"00000000010000000" when (Sreg0 = S3 and OPC(0) = '1') else -- indirekte
    ADR
"00000000000000000" when (Sreg0 = S3 and OPC(0) = '0') else -- direkte
    ADR
---- S4 ----
"00000001101000000" when (Sreg0 = S4) else -- indirekte ADR
---- S5 ----
"00000000001100000" when -- Sprungbedingung nicht erfüllt
(Sreg0 = S5 and OPC = "01000" and OP_Z = '0') else -- JZ
"00000000001100000" when
(Sreg0 = S5 and OPC = "01010" and OP_S = '0') else -- JS
"00000000001100000" when
(Sreg0 = S5 and OPC = "01100" and OP_C = '0') else -- JZ
---------
"00000000001100000" when -- Sprungbedingung nicht erfüllt
(Sreg0 = S5 and OPC = "01001" and OP_Z = '0') else -- JZI
"00000000001100000" when
```

```
(Sreg0 = S5 and OPC = "01011" and OP_S = '0') else -- JSI
"00000000001100000" when
(Sreg0 = S5 and OPC = "01101" and OP_C = '0') else -- JCI
----------
"00000001000000110" when -- Sprungbedingung erfüllt
(Sreg0 = S5 and OPC = "01000" and OP_Z = '1') else -- JZ
"00000001000000110" when
(Sreg0 = S5 and OPC = "01010" and OP_S = '1') else -- JS
"00000001000000110" when
(Sreg0 = S5 and OPC = "01100" and OP_C = '1') else -- JC
---------
"00000001100000110" when -- Sprungbedingung erfüllt
(Sreg0 = S5 and OPC = "01001" and OP_Z = '1') else -- JZI
"00000001100000110" when
(Sreg0 = S5 and OPC = "01011" and OP_S = '1') else -- JSI
"00000001100000110" when
(Sreg0 = S5 and OPC = "01101" and OP_C = '1') else -- JCI
--------
"00000001000000110" when (Sreg0 = S5 and OPC = "01110") else -- JU
"00000001100000110" when (Sreg0 = S5 and OPC = "01111") else -- JUI
--------
"11000000001100000" when (Sreg0 = S5 and OPC = "10100") else -- SHR
"11100000001100000" when (Sreg0 = S5 and OPC = "10110") else -- SHL
--------
"00000000010000000" when
Sreg0 = S5 and (OPC = "11000" or OPC = "11001") else -- AD/ADI
"00000000010000000" when
Sreg0 = S5 and (OPC = "11010" or OPC = "11011") else -- SU/SUI
"00000000010000000" when
Sreg0 = S5 and (OPC = "11100" or OPC = "11101") else -- NA/NAI
"00000000010000000" when
Sreg0 = S5 and (OPC = "00000" or OPC = "00001") else -- OU/OUI
"00000000010000000" when
Sreg0 = S5 and (OPC = "11110" or OPC = "11111") else -- LO/LOI
"00010000101100000" when
Sreg0 = S5 and (OPC = "00010" or OPC = "00011") else -- ST/STI
---------
"00000100000000000" when
Sreg0 = S5 and OPC = "00100" and IPV = '0' else -- IN
"00000100000000000" when
Sreg0 = S5 and OPC = "00101" and IPV = '0' else -- INI
"00010100001100000" when
```

```
Sreg0 = S5 and OPC = "00100" and IPV = '1' else -- IN
"00010100001100000" when
Sreg0 = S5 and OPC = "00101" and IPV = '1' else -- INI
--------
"000000001000011110" when Sreg0 = S5 and OPC = "10000" else -- CA
"00000001100011110" when Sreg0 = S5 and OPC = "10001" else -- CAI
"00000000000001111" when Sreg0 = S5 and OPC = "10010" else -- RETURN
--------
"00000000000000000" when Sreg0 = S5 and OPC = "00110" else -- STOP
"00000000001100000" when Sreg0 = S5 and OPC = "00111" else -- NOP
"00000000001100000" when Sreg0 = S5 and OPC = "10011" else -- NOP
"00000000001100000" when Sreg0 = S5 and OPC = "10101" else -- NOP
"00000000001100000" when Sreg0 = S5 and OPC = "10111" else -- NOP
---- S6 ----
"01100001101100000" when
Sreg0 = S6 and (OPC = "11000" or OPC = "11001") else -- AD/ADI
"00100001101100000" when
Sreg0 = S6 and (OPC = "11010" or OPC = "11011") else -- SU/SUI
"01000001101100000" when
Sreg0 = S6 and (OPC = "11100" or OPC = "11101") else -- NA/NAI
"10100001101100000" when
Sreg0 = S6 and (OPC = "11110" or OPC = "11111") else -- LO/LOI
"00000001100000000" when
Sreg0 = S6 and (OPC = "00000" or OPC = "00001") and OPREC = '0' else --
    OU/OUI
"00000011101100000" when
Sreg0 = S6 and (OPC = "00000" or OPC = "00001") and OPREC = '1' else --
    OU/OUI
"00000000001100000" when
Sreg0 = S6 and OPC = "10010" else -- RETURN
"00000000001100000";
---------
---- Ein- und Ausgabeprotokoll ----
---- OPV-Assignment ----
OPV <= '0' when (Sreg0 = S0 and START = '0') else -- Output Valid
       '1' when Sreg0 = S6 and (OPC = "00000" or OPC = "00001")
              and OPREC = '0' else -- OU or OUI
       '0';
---- IPREQ-Assignment ----
IPREQ <= '0' when (Sreg0 = S0 and START = '0') else -- Input Request
        '1' when Sreg0 = S5 and (OPC = "00100" or OPC = "00101")
        and IPV = '0' else -- IN or INI
```

```
        '0';
end STW_ARCH;
--------
```

Für das vorliegende VHDL-Modell wird eine **process**-Anweisung verwendet. In dem **process** sind die sequenziellen Anweisungen **case – when** und **if – then – else** eingebunden. Außerdem werden die nebenläufigen Signalzuweisungen **when – else** außerhalb der **process**-Anweisung eingesetzt. Für die Modellierung von endlichen Automaten mit VHDL gibt es eine Vielzahl von Möglichkeiten. Es werden i. a. Beschreibungsformen gewählt, die eine oder mehrere **process**-Anweisungen enthalten, in denen **case – when** – oder **if – then – else** -Anweisungen eingebunden sind. Dabei ist zu beachten, dass in VHDL alle Signalzuweisungen (Signal Assignments) außerhalb der **process**-Anweisungen nebenläufig, d. h. parallel abgearbeitet und wie einfache **process**-Anweisungen behandelt werden. Für die Beschreibung des Automaten müssen folgende Bedingungen erfüllt werden:

- Speichern der internen Zustände in Registern
- Bestimmung der Folgezustände
- Zuordnung der Ausgangssignale

Für die Darstellung der internen Zustände des Automaten wird ein Datentyp als Aufzählungstyp verwendet mit der folgenden Syntax:

```
---- Aufzählungstyp ----
  type enum_name is (e0, e1,...,en);
--------
```

Die Elemente des Aufzählungstyp enum_name können frei gewählt werden. Die Codierung der Elemente kann dabei manuell oder durch den VHDL-Compiler erfolgen. Im obigen VHDL-Modell wird der Aufzählungstyp in der folgenden Form verwendet:

```
---- Aufzählungstyp ----
type state_type is (S0, S1,...,S6); -- Datentyp deklarieren
signal state : state_type;
:
case state is -- verwenden in case-Anweisung
when S0 => ...
--------
```

Bei der Zustandscodierung unterscheidet man im Wesentlichen zwischen

- Binärer Codierung
- „One-Hot"-Codierung

Die Zustandscodierung kann in der Entwurfs-Software gewählt werden oder direkt im VHDL-Code. Im obigen VHDL-Code für das Steuerwerk ist eine binäre Codierung als **attribute**-Anweisung in der folgenden Form eingegeben:

```
--------
attribute enum_cod: string;
attribute enum_cod of Sreg0_type: type is "000_001_010_011_100_101_110";
--------
```

Bei der binären Codierung kann die Zahl der Speicherelemente minimiert werden, es wird jedoch zusätzliche Schaltungslogik benötigt. Bei der „One-Hot"-Codierung wird für jeden internen Zustand ein Speicherglied benötigt, d. h. der Zustandsvektor braucht für jeden Zustand ein Bit. Im vorliegenden Fall wurde für das VHDL-Modell die binäre Codierung gewählt. Die Bestimmung der Folgezustände erfolgt in der **process**-Anweisung, wobei die jeweiligen Folgezustände durch die **case**-Anweisung selektiert werden.

Die Zuordnung des Ausgangsvektors A(16:0) und der Signale für die Ein- und Ausgabe (IPREQ, OPV) werden über Signalzuweisungen gemacht, d. h. sie werden parallel zur **process**-Anweisung ausgeführt. Der **process** wird immer angestoßen, wenn sich das Taktsignal CLK ändert. Der CLR-Eingang arbeitet synchron, d. h. es wird erst auf die Vorderflanke des CLK-Signals gewartet und dann das CLR-Signal gelesen.

Für eine grobe Schaltungsanalyse kann der Synthese-Bericht herangezogen werden. Es ergeben sich folgende Werte für den FPGA-Baustein Spartan6 XC6SLX9 von Xilinx:

7x Number of Slice Register
50x Number of Slice LUTs (Look Up Table)
Die maximale Taktfrequenz beträgt 408 MHz.

3.6 VHDL-Modell für das 12-Bit-Operationswerk(1)

Aus dem Entwurf des Operationswerkes in Kap. 2.2.1 kann das VHDL-Modell direkt abgeleitet werden. Für die Erstellung des VHDL-Codes ist es somit sehr einfach geworden, weil die Strukturierung des Operationswerkes erhalten bleibt. Die Änderungen ergeben sich erst beim Entwurf der VHDL-Modelle für die Komponenten. Beim vorliegenden Operationswerk werden die Komponenten überwiegend strukturiert entworfen. In Kap. 4.5 werden die Komponenten des Operationswerkes dagegen verhaltensorientiert aufgebaut.

```
--------
-- Modul OPW12_1.VHD
-- 17-Bit-Ansteuervektor A(16:0)
--      A(9)  A(8)  Funktion (Multiplexer)
-- ---------------
-- A     0     0     SYSBUS ← IPR_Q(11:0)
-- B     0     1     SYSBUS ← A_Q(11:0)
```

```
-- C    1    0       SYSBUS ← MR_Q(6:0)
-- D    1    1       SYSBUS ← MR_Q(11:0)
--
-- Status-Register
-- -----
-- OP_S: NEG-Flag
-- OP_Z: ZERO-Flag
-- OP_C: CARRY-Flag
--------
library ieee;
use ieee.std_logic_1164.all;
use ieee.std_logic_arith.all;
use ieee.std_logic_unsigned.all;
---- Entity Declaration ----
entity OPW12_1 is port (
        MR_D : in std_logic_vector(11 downto 0);
        IPR_D : in std_logic_vector(11 downto 0);
        AR_Q : out std_logic_vector(11 downto 0);
        IR_Q : out std_logic_vector(4 downto 0);
        OPR_Q : out std_logic_vector(11 downto 0);
        SYSBUS : inout std_logic_vector(11 downto 0);
        A : in std_logic_vector(16 downto 0);
        CLK : in std_logic;
        CLR : in std_logic;
        OP_C : out std_logic;
        OP_S : out std_logic;
        OP_Z : out std_logic);
end OPW12_1;
---- Architecture Declaration ----
architecture OPW_ARCH of OPW12_1 is
---- Component Declaration ----
component PC12_1 port ( -- 12-Bit-Program-Counter
        Q : inout std_logic_vector(11 downto 0);
        D : in std_logic_vector(11 downto 0);
        CLK : in std_logic;
        C1 : in std_logic;
        C2 : in std_logic;
        CLR : in std_logic);
end component;
--------

component MUX2 port ( -- MUX 2:1
        MUX_OUT : out std_logic_vector(11 downto 0);
```

```vhdl
        A : in std_logic_vector(11 downto 0);
        B : in std_logic_vector(11 downto 0);
        SEL : in std_logic);
end component;
--------
component AKKU12_1 port ( -- 12-Bit-AKKU-Einheit
        B : in std_logic_vector(11 downto 0);
        Q : out std_logic_vector(11 downto 0);
        CIN : in std_logic;
        CLK : in std_logic;
        CLR : in std_logic;
        S : in std_logic_vector(2 downto 0);
        OP_C : out std_logic;
        OP_S : out std_logic;
        OP_Z : out std_logic);
end component;
--------
component STACK12_1 port ( -- 12-Bit-Register-Stack
        D : in std_logic_vector(11 downto 0);
        Q : out std_logic_vector(11 downto 0);
        CLK : in std_logic;
        CLR : in std_logic;
        SEL : in std_logic;
        CE : in std_logic);
end component;
--------
component REG12_A port ( -- 12-Bit-Register
        D : in std_logic_vector(11 downto 0);
        Q : out std_logic_vector(11 downto 0);
        CE : in std_logic;
        CLK : in std_logic;
        CLR : in std_logic)
end component;
--------
component TBUF12_1 port ( -- 12-Bit-Tri-State-Buffer
        D : in std_logic_vector(11 downto 0);
        Q : out std_logic_vector(11 downto 0);
        EN : in std_logic); -- EN aktiv high
end component;
--------
component OR4_A port ( -- OR4-Glied
        I0 : in std_logic;
```

```vhdl
        I1 : in std_logic;
        I2 : in std_logic;
        I3 : in std_logic;
        O : out std_logic);
end component;
--------
component MUX4 port ( -- MUX 4:1
        SEL : in std_logic_vector(1 downto 0);
        MUX_OUT : out std_logic_vector(11 downto 0);
        A : in std_logic_vector(11 downto 0);
        B : in std_logic_vector(11 downto 0);
        C : in std_logic_vector(11 downto 0);
        D : in std_logic_vector(11 downto 0));
end component;
--------
component REG5 port ( -- 5-Bit-Register
        D : in std_logic_vector(4 downto 0);
        Q : out std_logic_vector(4 downto 0);
        CE : in std_logic;
        CLK : in std_logic;
        CLR : in std_logic);
end component;
---- Signal Declaration ----
signal IN_TB : std_logic;
signal GND_L : std_logic;
signal GND5V : std_logic_vector(4 downto 0);
signal MUX_OUT : std_logic_vector(11 downto 0);
signal ST_Q : std_logic_vector(11 downto 0);
signal PC_Q : std_logic_vector(11 downto 0);
signal A_Q : std_logic_vector(11 downto 0);
signal MR_Q : std_logic_vector(11 downto 0);
signal IPR_Q : std_logic_vector(11 downto 0);
signal AR : std_logic_vector(11 downto 0);
signal MUX1_T : std_logic_vector(11 downto 0);
begin
---- Signal Assignments ----
        GND_L <= '0'; -- 1-Bit-Ground
        GND5V <= "00000"; -- 5-Bit-Ground
---- Component Instances ----
PC_1 : PC12_1 port map( -- 12-Bit-Program-Counter (PC)
        Q => PC_Q,
        D => MUX_OUT,
```

```
        CLK => CLK,
        C1 => A(2),
        C2 => A(1),
        CLR => CLR);
--------
MUX2_1A : MUX2 port map( -- MUX 2:1
        MUX_OUT => AR,
        A => SYSBUS,
        B => PC_Q,
        SEL => A(5));
--------
AKKU12_1A : AKKU12_1 port map( -- 12-Bit-AKKU-Einheit
        B => SYSBUS, -- AKKU In
        Q => A_Q, -- AKKU Out
        CIN => GND_L,
        CLK => CLK,
        CLR => CLR,
        S => A(16 downto 14),
        OP_C => OP_C,
        OP_S => OP_S,
        OP_Z => OP_Z);
--------
STACK12_1A : STACK12_1 port map( -- 12-Bit-Register-Stack
        D => PC_Q,
        Q => ST_Q,
        CLK => CLK,
        CLR => CLR,
        SEL => A(4),
        CE => A(3));
--------
MUX2_2A : MUX2 port map( -- MUX 2:1
        MUX_OUT => MUX_OUT,
        A => SYSBUS,
        B => ST_Q,
        SEL => A(0));
--------
REG12_1 : REG12_A port map( -- 12-Bit-Address-Register
        D => AR,
        Q => AR_Q,
        CE => A(6),
        CLK => CLK,
        CLR => CLR);
```

```
--------
TB12_1 : TBUF12_1 port map( -- Tri-State-Buffer
        D => MUX1_T, -- aktiv high
        Q => SYSBUS,
        EN => IN_TB);
--------
OR4_1 : OR4_A port map( -- OR4-Glied
        I0 => A(11),
        I1 => A(8),
        I2 => A(9),
        I3 => A(13),
        O => IN_TB);
--------
MUX4_1A : MUX4 port map( -- MUX 4:1
        MUX_OUT => MUX1_T,
        A => IPR_Q,
        B => A_Q, -- AKKU-Out
        C(11 downto 7) => GND5V(4 downto 0), -- 5-Bit-GND
        C(6 downto 0) => MR_Q(6 downto 0), -- 7-Bit-ADR
        D => MR_Q, -- Memory-Register MR_Q
        SEL(1) => A(9),
        SEL(0) => A(8));
--------
REG12_2 : REG12_A port map( -- 12-Bit-Input-Register IPR
        D => IPR_D,
        Q => IPR_Q,
        CE => A(11),
        CLK => CLK,
        CLR => CLR);
--------
REG12_3 : REG12_A port map( -- 12-Bit-Memory-Register MR
        D => MR_D,
        Q => MR_Q,
        CE => A(7),
        CLK => CLK,
        CLR => CLR);
--------
REG12_4 : REG12_A port map( -- 12-Bit-Output-Register OPR
        D => SYSBUS,
        Q => OPR_Q,
        CE => A(10),
        CLK => CLK,
```

```
        CLR => CLR);
--------
REG12_5 : REG5 port map( -- 5-Bit-Instruction-Register IR
        D(4 downto 0) => MR_Q(11 downto 7),
        Q => IR_Q,
        CE => A(12),
        CLK => CLK,
        CLR => CLR);
end OPW_ARCH;
--------
```

Die Bezeichnungen der Label bei der Instanziierung der Komponenten (Component Instances) sollten so gewählt werden, dass beim Generieren von Blockschaltbildern durch Software-Tools die Funktionsblöcke leicht zuzuordnen sind.

Die Bezeichnungen der Ein- und Ausgangssignale der Komponenten in Kap. 2 wurden deshalb in den weiteren Kapiteln beibehalten.

3.6.1 VHDL-Modelle für getaktete D-Flip-Flops

Für die in Kap. 2 behandelten Komponenten des 12-Bit-Operationswerkes sollen nun die VHDL-Modelle erstellt werden. Bei den Komponenten handelt es sich um einfache n-Bit-Register bis hin zu komplexen Registerschaltungen. Das einfachste Register ist ein 1-Bit-Speicherglied, das als D-Flip-Flop realisiert werden kann. D-Flip-Flops sind als Speicherglieder besonders gut geeignet, da sie zum Setzen und Rücksetzen der Ausgänge nur einen Dateneingang (D-Eingang) und einen Clock-Eingang besitzen.

Die VHDL-Modelle für D-Flip-Flops können sowohl nach der Structural- als auch nach der Behavioral-Methode erstellt werden. Im Folgenden werden Modelle für n-Bit-Register nach beiden Methoden erstellt.

In ersten Fall geht man i. a. auf eine 1-Bit-Struktur zurück und erstellt zunächst ein 1-Bit-Register, d. h. ein D-Flip-Flop. Aus dem D-Flip-Flop können dann Registerstrukturen zu einem n-Bit-Register erstellt werden. D-Flip-Flops werden in VHDL in den meisten Fällen nach der Behavioral-Methode beschrieben. Ansonsten besteht die Möglichkeit, das D-Flip-Flop strukturiert, d. h. aus einzelnen Gattern aufzubauen [14, 15].

Den VHDL-Code für ein einfaches flankengetaktetes D-Flip-Flop zeigt die folgende Beschreibung nach der Behavioral-Methode:

```
--------
-- Modul: FDC_A.VHD
--------
library ieee;
use ieee std_logic_1164.all;
```

```
---- Entity Declaration ----
entity FDC_A is port (
        CLK : in std_logic;
        CLR : in std_logic;
        D : in std_logic;
        Q : out std_logic);
end FDC_A;
---- Architecture Declaration ----
architecture FDC_ARCH of FDC_A is
----
begin
---- Process Statement ----
d1: process (CLK, CLR)
begin
        if CLR = '1' then
                Q <= '0';
        elsif (CLK'event and CLK = '1') then
                Q <= D;
        end if;
end process d1;
end FDC_ARCH;
--------
```

Der CLR-Eingang ist asynchron, d. h. taktunabhängig und immer, wenn CLR = '1' gesetzt ist, gilt für den Ausgang Q = '0'. Das Flip-Flop ist mit einer **process**-Anweisung beschrieben, d. h. immer wenn sich das CLK- oder CLR-Signal ändert, wird der **process** angestoßen und arbeitet die einzelnen Anweisungen sequenziell ab. Anschließend wartet der **process** auf eine erneute Signaländerung. Soll das Flip-Flop nicht mit der Vorderflanke, sondern mit der Rückflanke gesteuert werden, so braucht nur die Anweisung (CLK'event **and** CLK = '1') in die Form (CLK'event **and** CLK = '0') geändert zu werden.

Häufig benötigt man einen weiteren Steuereingang für die Synchronisation der Datenübernahme, der mit Chip-Enable (CE) bezeichnet wird. Der VHDL-Code ist dann in die folgende Form zu ändern:

```
--------
-- Modul: FDCE_A.VHD
-- D-Flip-Flop mit CE-Eingang
--------
library ieee;
use ieee.std_logic_1164.all;
---- Entity Declaration ----
entity FDCE_A is port (
```

```
        CLK : in std_logic;
        CLR : in std_logic;
        D : in std_logic;
        CE : in std_logic;
        Q : out std_logic);
end FDCE_A;
---- Architecture Declaration ----
architecture FDCE_ARCH of FDCE_A is
----
begin
---- Process Statement ----
d1: process (CLK, CLR)
begin
        if CLR = '1' then
                Q <= '0';
        elsif (CLK'event and CLK = '1') then
                if CE = '1' then
                Q <= D;
                end if;
        end if;
end process d1;
end FDCE_ARCH ;
--------
```

3.6.2 VHDL-Modelle für n-Bit-Register

Der folgende VHDL-Code zeigt ein 5-Bit-Register, das aus einem 1-Bit- und einem 4-Bit-Register nach der Structural-Methode erstellt ist.

```
--------
-- Modul: REG5_1.VHD
--------
library ieee;
use ieee.std_logic_1164.all;
---- Entity Declaration ----
entity REG5_1 is port (
        D : in std_logic_vector(4 downto 0);
        Q : out std_logic_vector(4 downto 0);
        CE : in std_logic;
        CLK : in std_logic;
        CLR : in std_logic);
end REG5_1;
```

```
---- Architecture Declaration ----
architecture REG5_ARCH of REG5_1 is
---- Component Declaration ----
component FD4CE_A port (
        CLK : in std_logic;
        CE : in std_logic;
        CLR : in std_logic;
        D : in std_logic_vector(3 downto 0);
        Q : out std_logic_vector(3 downto 0));
end component;
--------

component FDCE_A port (
        D : in std_logic;
        CLK : in std_logic;
        CE : in std_logic;
        CLR : in std_logic;
        Q : out std_logic);
end component;
--------

begin
---- Component Instances ----
FDC_1A : FD4CE_A port map( -- 4-Bit-Register
        CLK => CLK,
        CE => CE,
        CLR => CLR,
        D => D(3 downto 0),
        Q => Q(3 downto 0));
--------

FDC_2A : FDCE_A port map( -- D-Flip-Flop
        D => D(4),
        CLK => CLK,
        CE => CE,
        CLR => CLR,
        Q => Q(4));
end REG5_ARCH;
--------
```

Im Folgenden ist der VHDL-Code für ein 12-Bit-Register mit Chip-Enable-Eingang nach der Behavioral-Methode dargestellt.

```
--------
-- 12-Bit-Register mit Chip-Enable (CE)
--------
library ieee;
use ieee.std_logic_1164.all;
---- Entity Declaration ----
entity REG12_A is port (
        CLK : in std_logic;
        CLR : in std_logic;
        D : in std_logic_vector(11 downto 0);
        CE : in std_logic;
        Q : out std_logic_vector(11 downto 0));
end REG12_A;
---- Architecture Declaration ----
architecture REG12_ARCH of REG12_A is
begin
---- Process Statement ----
d1: process (CLK, CLR)
begin
        if CLR = '1' then
        Q <= "000000000000";
        elsif (CLK'event and CLK = '1') then
                if CE = '1' then
                Q <= D;
                end if;
        end if;
end process d1;
end REG12_ARCH;
--------
```

Die Erweiterung von einfachen D-Flip-Flops zu n-Bit-Registern ist in VHDL ein einfacher Vorgang, es werden in den Anweisungen nur die Bitbreiten geändert.

Im Folgenden ist ein Beispiel angegeben für die Erweiterung auf ein zweiflankengetaktetes 12-Bit-Register nach der Structural-Methode. Das zweiflankengetaktete Register wird auch als Master-Slave(MS)-Register bezeichnet. Es kann aus zwei einfachen 12-Bit-Registern mit einem zusätzlichen Inverter aufgebaut werden. Der Inverter wird für die Rückflanke des zweiten Registers benötigt [16].

3.6.3 VHDL-Code für das 12-Bit-Master-Slave-Register(1)

```vhdl
--------
-- Modul REG12MS.VHD
--------
library ieee;
use ieee.std_logic_1164.all;
---- Entity Declaration ----
entity REG12MS is port (
        DI : in std_logic_vector(11 downto 0);
        QOUT : out std_logic_vector(11 downto 0);
        CE : in std_logic;
        CLK : in std_logic;
        CLR : in std_logic);
end REG12MS;
---- Architecture Declaration ----
architecture REG12MS_ARCH of REG12MS is
---- Component Declaration ----
component REG12_A port ( -- 12-Bit-Register
        D : in std_logic_vector(11 downto 0);
        Q : out std_logic_vector(11 downto 0);
        CE : in std_logic;
        CLK : in std_logic;
        CLR : in std_logic);
end component;
--------
component INV_A port ( -- Inverter
        I : in std_logic;
        O : out std_logic);
end component;
---- Signal Declaration ----
signal QD_IN : std_logic_vector(11 downto 0);
signal IN1 : std_logic;
begin
U1 : REG12_A port map( -- 12-Bit-Register (Master)
        D => DI,
        Q => QD_IN,
        CE => CE,
        CLK => CLK,
        CLR => CLR);
--------
U2 : REG12_A port map( -- 12-Bit-Register (Slave)
```

```
        D => QD_IN,
        Q => QOUT,
        CE => CE,
        CLK => IN1,
        CLR => CLR);
--------
U3 : INV_A port map( -- Inverter
        I => CLK,
        O => IN1);
end REG12MS_ARCH;
--------
```

Diese Register haben eine konstante Verzögerung zwischen dem Speichern eines neuen Wertes in das erste Register (Master) und der Übergabe in das zweite Regis-ter (Slave). Die Zweiflanken-Methode bedeutet, dass mit der Vorderflanke der neue Wert übernommen wird (Master) und erst mit der Rückflanke auf den Ausgang durch-geschaltet wird (Slave). Durch diese Methode wird verhindert, dass beim Speichern eines neuen Wertes der alte gespeicherte Wert sofort überschrieben wird, sondern nach einer genau definierten Verzögerung. Diese Verzögerung ist die Zeit zwischen dem Eintreffen der Vorder- und der Rückflanke.

Die Abb. 3.4 zeigt die einfache Schaltung, die vom Synthese-Tool generiert wurde. Beim zweiten Register (Slave) wird der CE-Eingang i. a. nicht benötigt und kann auf '1' gesetzt werden. Nach dem Synthese-Bericht ist die maximale Taktfrequenz 433 MHz, der Schaltungsaufwand beträgt zwei 12-Bit-Register und ein Inverter.

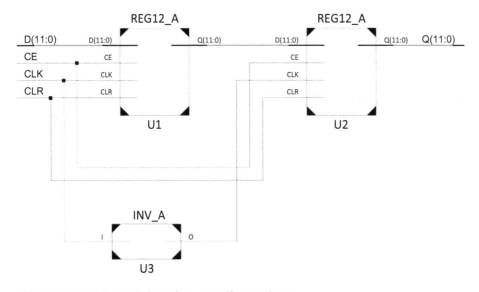

Abb. 3.4: Synthetisierte Schaltung des Master-Slave-Registers.

3.6.4 VHDL-Code für das 12-Bit-Register-Stack(1)

Der folgende VHDL-Code ist nach der Structural-Methode erstellt. Das 12-Bit-Register-Stack hat eine Speichertiefe von vier Worten und ist mit Master-Slave(MS)-Registern aufgebaut. In Kap. 2 wurde das Register-Stack bereits behandelt und im vorigen Kapitel wurde auf die Eigenschaften von MS-Registern hingewiesen. Die Abb. 3.5 zeigt einen Ausschnitt der Schaltung, die vom Synthese-Tool erzeugt wurde. Aus Gründen der Übersichtlichkeit ist nur 1/4 der Schaltung dargestellt, d. h. die gesamte Schaltung besteht aus vier 12-Bit-Multiplexern 2:1 und vier 12-Bit-MS-Registern. Es ist damit die gleiche Schaltung des VHDL-Modells entstanden wie beim Entwurf des 12-Bit-Register-Stacks in Kap. 2, Abb. 2.21.

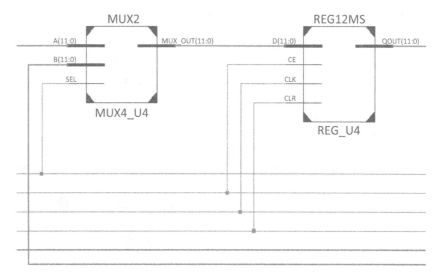

Abb. 3.5: Synthetisierte Schaltung des 12-Bit-Register-Stacks (Auszug).

Die maximale Taktfrequenz beträgt nach dem Synthese-Bericht 339 MHz.

```
--------
-- Modul: STACK12_1.VHD
-- Speichertiefe: 4 Worte
--------
library ieee;
use ieee.std_logic_1164.all;
---- Entity Declaration ----
entity STACK12_1 is port (
        D : in std_logic_vector(11 downto 0);
        Q : out std_logic_vector(11 downto 0);
        CLK : in std_logic;
```

```
          CLR : in std_logic;
          SEL : in std_logic;
          CE : in std_logic);
end STACK12_1;
---- Architecture Declaration ----
architecture STACK12_ARCH of STACK12_1 is
---- Component Declaration ----
component REG12MS port ( -- Master-Slave-Register
        DI : in std_logic_vector(11 downto 0);
        QOUT : out std_logic_vector(11 downto 0);
        CLK : in std_logic;
        CLR : in std_logic;
        CE : in std_logic);
end component;
--------
component MUX2 port ( -- MUX 2:1
        MUX_OUT : out std_logic_vector(11 downto 0);
        A : in std_logic_vector(11 downto 0);
        B : in std_logic_vector(11 downto 0);
        SEL : in std_logic);
end component;
---- Signal Declaration ----
signal MUX1_D : std_logic_vector(11 downto 0);
signal MUX2_D : std_logic_vector(11 downto 0);
signal MUX3_D : std_logic_vector(11 downto 0);
signal MUX4_D : std_logic_vector(11 downto 0);
signal MUX2_Q : std_logic_vector(11 downto 0);
signal MUX3_Q : std_logic_vector(11 downto 0);
signal MUX4_Q : std_logic_vector(11 downto 0);
signal GND_L : std_logic_vector(11 downto 0);
signal Q4_A : std_logic_vector(11 downto 0);
begin
---- Signal Assignments ----
        Q <= MUX2_Q;
        GND_L <= "000000000000";
---- Component Instances ----
MUX2_U1 : MUX2 port map( -- MUX 2:1
        MUX_OUT => MUX1_D,
        A => MUX3_Q,
        B => D,
        SEL => SEL);
--------
```

```
MUX2_U2 : MUX2 port map( -- MUX 2:1
        MUX_OUT => MUX2_D,
        A => MUX4_Q,
        B => MUX2_Q,
        SEL => SEL);
--------
MUX3_U3 : MUX2 port map( -- MUX 2:1
        MUX_OUT => MUX3_D,
        A => Q4_A,
        B => MUX3_Q,
        SEL => SEL);
--------
MUX4_U4 : MUX2 port map( -- MUX 2:1
        MUX_OUT => MUX4_D,
        A => GND_L,
        B => MUX4_Q,
        SEL => SEL);
--------
REG_U1 : REG12MS port map( -- Master-Slave-Register
        DI => MUX1_D,
        QOUT => MUX2_Q,
        CLK => CLK,
        CLR => CLR,
        CE => CE);
--------
REG_U2 : REG12MS port map( -- Master-Slave-Register
        DI => MUX2_D,
        QOUT => MUX3_Q,
        CLK => CLK,
        CLR => CLR,
        CE => CE);
--------
REG_U3 : REG12MS port map( -- Master-Slave-Register
        DI => MUX3_D,
        QOUT => MUX4_Q,
        CLK => CLK,
        CLR => CLR,
        CE => CE);
--------
REG_U4 : REG12MS port map( -- Master-Slave-Register
        DI => MUX4_D,
        QOUT => Q4_A,
```

```
        CLK => CLK,
        CLR => CLR,
        CE => CE);
end STACK12_ARCH;
--------
```

3.6.5 VHDL-Code für den 12-Bit-Programmzähler(1)

Im Folgenden wird die VHDL-Modellierung für einen 12-Bit-Programmzähler behandelt. Für Zählschaltungen werden häufig Behavioral-Modelle, die auch als Verhaltens-Modelle bezeichnet werden, verwendet. Sie sind in der Regel übersichtlicher und können mit einem geringeren Schaltungsaufwand erstellt werden als mit der Structural-Methode. Die Tab. 2.3 zu dem Zähler und der zugehörige Funktionsblock in Abb. 2.10 wurden bereits in Kap. 2 eingeführt.

Der asynchrone CLR-Eingang setzt für CLR = '1' den Ausgang Q auf Null. Im VHDL-Code steht die Abfrage für den CLR-Eingang gleich am Anfang vor dem Eintreffen des CLK-Signals. Der Wertebereich des Zählers geht von 0 bis 4095, es wird somit der gesamte 12-Bit-Bereich für die Adressierung ausgenutzt. Für das Inkrementieren des Zählers wird der arithmetische ‚+'-Operator aus der Standard-Bibliothek std mit dem **package** std_logic_unsigned verwendet.

In Abb. 3.6 ist die vom Synthese-Tool generierte Schaltung abgebildet.

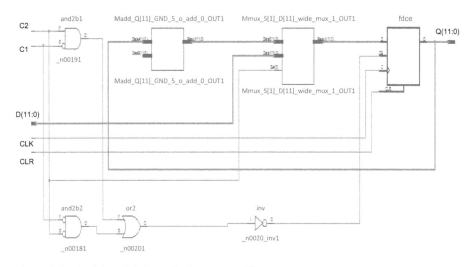

Abb. 3.6: Synthetisierte Schaltung des Programmzählers.

```
--------
-- Modul PC12_1.VHD
-- Funktionstabelle
-- C1 C2 Funktion
-- -----
-- 0 0 Q = const.
-- 0 1 Q = const.
-- 1 0 Q = Q + 1
-- 1 1 Q = DIN
--------
library ieee;
use ieee.std_logic_1164.all;
use ieee.std_logic_arith.all;
use ieee.std_logic_unsigned.all;
---- Entity Declaration ----
entity PC12_1 is port ( -- 12-Bit-Program Counter
        D : in std_logic_vector(11 downto 0);
        Q : inout std_logic_vector(11 downto 0);
        C1 : in std_logic;
        C2 : in std_logic;
        CLR : in std_logic;
        CLK : in std_logic);
end PC12_1;
---- Architecture Declaration ----
architecture PC_ARCH of PC12_1 is
---- Signal Declaration ----
        signal S : std_logic_vector(1 downto 0);
begin
---- Signal Assignments ----
        S(0) <= C1;
        S(1) <= C2;
---- Process Statement ----
p1: process (CLK, CLR)
---- Variable Declaration ----
variable NULL_V : std_logic_vector(11 downto 0);
variable MAX_V : std_logic_vector(11 downto 0);
begin
---- Variable Assignments ----
        NULL_V := "000000000000";
        MAX_V := "111111111111"; -- MAX_V = 4095
        if CLR = '1' then
        Q <= NULL_V;
```

```
        elsif (CLK = '1' and CLK'event) then
---- case-Struktur ----
        case S is
        when "00" => -- Q = const.
        Q <= Q;
        when "01" => -- Q = const.
        Q <= Q + 1;
        when "10" => -- Zählen
        Q <= Q;
        when "11" => -- Laden
        Q <= D;
        when others =>
        null;
        end case;
        if Q > MAX_V then -- max. Wert
        Q <= NULL_V;
        end if;
        end if;
end process p1;
end PC_ARCH;
--------
```

Bei dem Beispiel ist eine **case**-Struktur verwendet worden. Dieser VHDL-Code für einfache Dualzähler wird sehr häufig verwendet. Der Zähler kann auch für Anwendungen eingesetzt werden, bei denen schnelle Zähler (> 200 MHz) benötigt werden. Für eine notwendige Optimierung bezüglich Fläche und Geschwindigkeit können die Synthese-Berichte, die von dem Synthese-Tool geliefert werden, gute Dienste leisten. Die angewendete VHDL-Modellierung und der verwendete FPGA-Baustein sind dabei die wichtigsten Faktoren. Für den Zähler wurde der Spartan6-Baustein XC6SLX9 der Firma Xilinx verwendet. Für den verwendeten Zähler liefert der Synthese-Bericht folgende Daten:

- 1x 12-Bit-Addierer
- 1x 12-Bit-Register
- 1x 12-Bit-Multiplexer 2:1
- 4x Grundverknüpfungen
- Max. Taktfrequenz 522 MHz

3.6.6 VHDL-Modelle für Multiplexer

Multiplexer können als VHDL-Modelle mit der Structural- oder der Behavioral-Methode beschrieben werden. Im Folgenden werden verschiedene VHDL-Modelle nach der

Behavioral-Methode behandelt. Die verschiedenen VHDL-Strukturen haben auch unterschiedliche Hardware-Realisierungen zur Folge. Als Beispiele werden MUX 4:1 Multiplexer betrachtet, die häufig verwendet werden mit den Anweisungen:

- **case – when**
- **if – then – else**
- **when – else**
- **with – select**

Die ersten beiden Formen sind sequenzielle Anweisungen und können nur innerhalb von **process**-Anweisungen verwendet werden. Die beiden letzten Formen sind nebenläufige Anweisungen, sie werden parallel verarbeitet [16, 17].

case – when – Statement

```
--------
-- Modul MUX4_1C.VHD
--------
library ieee;
use ieee.std_logic_1164.all;
---- Entity Declaration ----
entity MUX4_1C is port (
       D0 : in std_logic;
       D1 : in std_logic;
       D2 : in std_logic;
       D3 : in std_logic;
       S : in std_logic_vector(1 downto 0);
       MUX_OUT : out std_logic);
end MUX4_1C;
---- Architecture Declaration ----
architecture MUX4_ARCH of MUX4_1C is
--------
begin
---- Process Statement ----
p1: process (S, D0, D1, D2, D3)
begin
---- case Struktur ----
       case S is
       when "00" => MUX_OUT <= D0;
       when "01" => MUX_OUT <= D1;
       when "10" => MUX_OUT <= D2;
       when "11" => MUX_OUT <= D3;
       when others => null;
```

```
        end case;
end process p1;
end MUX4_ARCH;
--------
```

Die Abb. 3.7 zeigt den generierten Funktionsblock des Synthese-Tools. Der Funktionsblock stellt einen 1-Bit-Multiplexer 4:1 dar, der sich hier nicht weiter auflösen lässt.
Diese kombinatorische Schaltung wird im FPGA-Baustein Spartan6 der Firma Xilinx
aus einer LUT(Look-Up-Table)-Struktur aufgebaut. Für Optimierungen werden dazu
im Synthese-Bericht ausführliche Angaben gemacht.

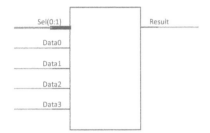

Abb. 3.7: Synthetisierter Funktionsblock des 1-Bit-Mul-
tiplexers 4:1.

if – then – else – Statement

```
--------
-- Modul MUX4_1S:VHD
--------
library ieee;
use ieee.std_logic_1164.all;
---- Entity Declaration ----
entity MUX4_1S is port (
        D0 : in std_logic;
        D1 : in std_logic;
        D2 : in std_logic;
        D3 : in std_logic;
        S : in std_logic_vector(1 downto 0);
        OUT1 : out std_logic);
end MUX4_1S;
---- Architecture Declaration ----
architecture MUX4_ARCH of MUX4_1S is
begin
---- Process Statement ----
p1: process (S, D0, D1, D2, D3)
```

```vhdl
begin
        if S = "00" then
                OUT1 <= D0;
        elsif S = "01" then
                OUT1 <= D1;
        elsif S = "10" then
                OUT1 <= D2;
        else
                OUT1 <= D3;
        end if;
end process p1;
end MUX4_ARCH;
--------
```

when – else – Statement

```vhdl
--------
-- Modul MUX4_1K.VHD
--------
library ieee;
use ieee.std_logic_1164.all;
---- Entity Declaration ----
entity MUX4_1K is port (
        D0 : in std_logic;
        D1 : in std_logic;
        D2 : in std_logic;
        D3 : in std_logic;
        S : in std_logic_vector(1 downto 0);
        OUT1 : out std_logic);
end MUX4_1K;
---- Architecture Declaration ----
architecture MUX4_ARCH of MUX4_1K is
begin
---- Concurrent Assignments ----
OUT1 <= D0 when S = "00" else
        D1 when S = "01" else
        D2 when S = "10" else
        D3;
end MUX4_ARCH;
--------
```

with – select – Statement

```
--------
-- Modul MUX4_1SE:VHD
--------
library ieee;
use ieee.std_logic_1164.all;
---- Entity Declaration ----
entity MUX4_1SE is port (
        D0 : in std_logic;
        D1 : in std_logic;
        D2 : in std_logic;
        D3 : in std_logic;
        S : in std_logic_vector(1 downto 0);
        OUT1 : out std_logic);
end MUX4_1SE;
---- Architecture Declaration ----
architecture MUX4_ARCH of MUX4_1SE is
begin
---- Concurrent Assignments ----
        with S select
OUT1 <= D0 when "00",
        D1 when "01",
        D2 when "10",
        D3 when "11",
        D0 when others;
end MUX4_ARCH;
--------
```

Werden die **case – when**- oder **with – select**-Statements nicht mit **when others** abge-
schlossen, so müssen alle möglichen Eingangskombinationen zugewiesen werden [8].

Multiplexer mit n-Bit-Datenbreite
Die vorgestellten Multiplexer mit einer 1-Bit-Struktur können leicht auf n Bit erweitert
werden.
     Der folgende VHDL-Code zeigt 2- und 4-Bit-Multiplexer, die auf eine Datenbreite
von 12 Bit erweitert wurden.

12-Bit-Multiplexer 2:1

```
--------
-- Modul: MUX2.VHD
--------
```

```vhdl
library ieee;
use ieee.std_logic_1164.all;
---- Entity Declaration ----
entity MUX2 is port (
      A,B : in std_logic_vector(11 downto 0);
      SEL : in std_logic;
      MUX_OUT : out std_logic_vector(11 downto 0));
end MUX2;
---- Architecture Declaration ----
architecture MUX2_ARCH of MUX2 is
begin
---- Process Statement ----
process (SEL, A, B)
begin
---- Case Statement ----
      case SEL is
when '0' => MUX_OUT <= A;
when '1' => MUX_OUT <= B;
when others => null;
      end case;
end process;
end MUX2_ARCH;
--------
```

12-Bit-Multiplexer 4:1

```vhdl
--------
-- Modul: MUX4.VHD
--------
library ieee;
use ieee.std_logic_1164.all;
---- Entity Declaration ----
entity MUX4 is port (
      A,B,C,D : in std_logic_vector(11 downto 0);
      SEL : in std_logic_vector(1 downto 0);
      MUX_OUT : out std_logic_vector(11 downto 0));
end MUX4;
---- Architecture Declaration ----
architecture MUX4_ARCH of MUX4 is
--------
```

```
begin
---- Process Statement ----
process (SEL, A, B, C, D)
begin
---- Case Statement ----
        case SEL is
        when "00" => MUX_OUT <= A;
        when "01" => MUX_OUT <= B;
        when "10" => MUX_OUT <= C;
        when "11" => MUX_OUT <= D;
        when others => null;
        end case;
end process;
end MUX4_ARCH;
--------
```

3.6.7 VHDL-Code für den 12-Bit-Tri-State-Treiber(1)

Der folgende VHDL-Code behandelt Tri-State-Treiber, die als Komponenten nach der Structural-Methode erstellt werden. Der 12-Bit-Tri-State-Treiber wird aus drei 4-Bit-Komponenten aufgebaut.

```
--------
-- Modul: TBUF12_1.VHD
-- EN: aktiv high
--------
library ieee;
use ieee.std_logic_1164.all;
---- Entity Declaration ----
entity TBUF12_1 is port (
        D : in std_logic_vector(11 downto 0);
        Q : out std_logic_vector(11 downto 0);
        EN : in std_logic);
end TBUF12_1;
---- Architecture Declaration ----
architecture TBUF12_ARCH of TBUF12_1 is
---- Component Declaration ----
component BUFT4_1 port (
        DIN : in std_logic_vector(3 downto 0);
        DOUT : out std_logic_vector(3 downto 0);
        T : in std_logic); -- T: aktiv high
end component;
--------
```

```
begin
---- Component Instances ----
U1 : BUFT4_1 port map( -- 4-Bit-Tri-State-Treiber1
        DIN(3 downto 0) => D(3 downto 0),
        DOUT(3 downto 0) => Q(3 downto 0),
        T => EN);
--------
U2 : BUFT4_1 port map( -- 4-Bit-Tri-State-Treiber2
        DIN(7 downto 4) => D(7 downto 4),
        DOUT(7 downto 4) => Q(7 downto 4),
        T => EN);
--------
U3 : BUFT4_1 port map( -- 4-Bit-Tri-State-Treiber3
        DIN(11 downto 8) => D(11 downto 8),
        DOUT(11 downto 8) => Q(11 downto 8),
        T => EN);
end TBUF12_ARCH;
--------
```

4-Bit-Tri-State-Treiber

```
--------
-- Modul: BUFT4_1.VHD
-- T: aktiv high
--------
library ieee;
use ieee.std_logic_1164.all;
---- Entity Declaration ----
entity BUFT4_1 is port (
        DIN : in std_logic_vector(3 downto 0);
        DOUT : out std_logic_vector(3 downto 0);
        T : in std_logic);
end BUFT4_1;
---- Architecture Declaration ----
architecture BUFT4_ARCH of BUFT4_1 is
begin
---- Concurrent Statements ----
        DOUT <= DIN when T = '1' -- T: aktiv high
        else
        "ZZZZ";
        end BUFT4_ARCH;
--------
```

3.6.8 VHDL-Code für ODER-, UND-, INV-Glieder

Der Vollständigkeit halber wird der VHDL-Code für die Grundverknüpfungen mit angegeben.

Beispiel: OR4-Glied

```
--------
- Modul: OR4_A.VHD
--------
library ieee;
use ieee.std_logic_1164.all;
---- Entity Declaration ----
entity OR4_A is port (
        I0 : in std_logic;
        I1 : in std_logic;
        I2 : in std_logic;
        I3 : in std_logic;
        O : out std_logic);
end OR4_A;
---- Architecture Declaration ----
architecture OR4_ARCH of OR4_A is
begin
        O <= I0 or I1 or I2 or I3;
end OR4_ARCH;
--------
```

Beispiel AND2-Glied

```
--------
-- Modul: AND2_A.VHD
--------
library ieee;
use ieee.std_logic_1164.all;
---- Entity Declaration ----
entity AND2_A is port (
        I0 : in std_logic;
        I1 : in std_logic;
        O : out std_logic);
end AND2_A;
```

```
---- Architecture Declaration ----
architecture AND2_ARCH of AND2_A is
begin
        O <= I0 and I1;
end AND2_ARCH;
--------
```

Beispiel: INV-Glied

```
--------
-- Modul: INV.VHD
--------
library ieee;
use ieee.std_logic_1164.all;
---- Entity Declaration ----
entity INV_A is port (
        I : in std_logic;
        O : out std_logic);
end INV_A;
---- Architecture Declaration ----
architecture INV_ARCH of INV_A is
--------
begin
        O <= not I;
end INV_ARCH;
--------
```

3.7 VHDL-Modell für die 12-Bit-Akkumulator-Einheit(1)

In Kap. 2 ist bereits die einfache 12-Bit-AKKU-Einheit vorgestellt worden (siehe Abb. 2.18). Hier soll die AKKU-Einheit als VHDL-Modell dargestellt werden.

Die Abb. 3.8 zeigt das veränderte Blockschaltbild der AKKU-Einheit. Das Blockschaltbild wird in ein VHDL-Modell umgesetzt, wobei die Struktur der Schaltung durch die Structural-Methode erhalten bleibt. Die Register-Einheit ist als Universal-Register (UREG12_1) realisiert. Sie enthält das Akkumulator-Register und die Schiebefunktionen für das „shiften" rechts und links.

Die Steuereingänge S0 und S1 des AKKU-Registers für die Schiebefunktionen werden durch eine einfache Verknüpfung zweier UND-Glieder an den 3-Bit-Steuereingang S(2:0) der ALU angepasst. Der CE-Eingang des AKKU-Registers wird in diesem Fall nicht genutzt und auf aktiv, d. h. auf Eins gesetzt.

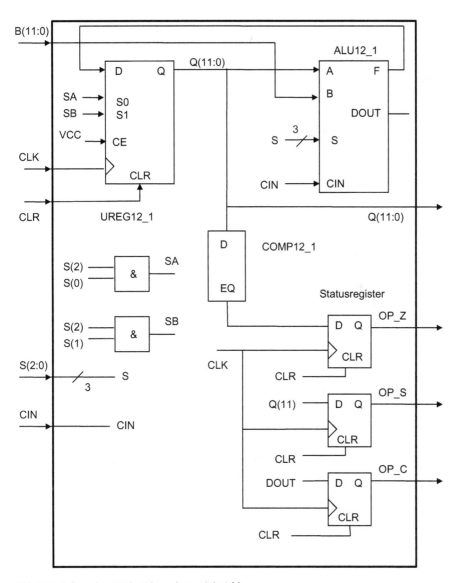

Abb. 3.8: Aufbau der 12-Bit-Akkumulator-Einheit(1).

Der Register-Block der Akkumulator-Einheit besteht somit nur aus einem Register. Dieses Register muss als steuerbares Register aufgebaut werden, da die Schiebefunktionen ebenfalls dort ausgeführt werden sollen.

In den Kapiteln 4.7 und 5.2 werden zwei weitere VHDL-Modelle für die 12-Bit-AKKU-Einheit vorgestellt. Für den ersten Entwurf werden die Komponenten ALU und AKKU-Register strukturiert aufgebaut.

```
--------
-- Modul: AKKU12_1.VHD
--------
library ieee;
use ieee.std_logic_1164.all;
use ieee.std_logic_unsigned.all;
use ieee.numeric_std.all;
---- Entity Declaration ----
entity AKKU12_1 is port (
        B : in std_logic_vector(11 downto 0);
        Q : out std_logic_vector(11 downto 0);
        CIN : in std_logic;
        CLK : in std_logic;
        CLR : in std_logic;
        S : in std_logic_vector(2 downto 0);
        OP_C : out std_logic;
        OP_S : out std_logic;
        OP_Z : out std_logic);
end AKKU12_1;
---- Architecture Declaration ----
architecture AKKU_ARCH of AKKU12_1 is
---- Component Declaration ----
component ALU12_1 port ( -- 12-Bit-ALU
        A : in std_logic_vector(11 downto 0);
        B : in std_logic_vector(11 downto 0);
        F : out std_logic_vector(11 downto 0);
        CIN : in std_logic;
        S : in std_logic_vector(2 downto 0);
        DOUT : out std_logic);
end component;
--------
component COMP12_1 port ( -- 12-Bit-Komparator
        A : in std_logic_vector(11 downto 0);
        EQ : out std_logic);
end component;
--------
component UREG12_1 port ( -- 12-Bit-Universal-Register
        D : in std_logic_vector(11 downto 0);
        Q : inout std_logic_vector(11 downto 0);
        CLK : in std_logic;
        CLR : in std_logic;
        S0 : in std_logic;
```

```
        S1 : in std_logic;
        CE : in std_logic);
end component;
--------
component AND2_A port ( -- AND2-Glied
        I0 : in std_logic;
        I1 : in std_logic;
        O : out std_logic);
end component;
--------
component FDC_A port ( -- D-Flip-Flop
        CLK : in std_logic;
        CLR : in std_logic;
        D : in std_logic;
        Q : out std_logic);
end component;
---- Signal Declaration ----
signal VC_L : std_logic;
signal DOUT : std_logic;
signal Z1 : std_logic;
signal SA : std_logic;
signal SB : std_logic;
signal A_Q : std_logic_vector(11 downto 0);
signal DIN : std_logic_vector(11 downto 0);
--------

begin
---- Signal Assignment ----
        Q <= A_Q;
        VC_L <= '1';
---- Component Instances ----
ALU12_1A : ALU12_1 port map( -- 12-Bit-ALU
        A => A_Q,
        B => B,
        F => DIN,
        CIN => CIN,
        S => S,
        DOUT => DOUT);
--------
COMP_1A : COMP12_1 port map( -- 12-Bit Komparator
        A => A_Q,
        EQ => Z1);
--------
```

```
UREG12_1A : UREG12_1 port map( -- 12-Bit-Universal-Register
        D => DIN,
        Q => A_Q,
        CLK => CLK,
        CLR => CLR,
        S0 => SA,
        S1 => SB,
        CE => VC_L);
--------
FDC_S : FDC_A port map( -- Sign-Flag
        CLK => CLK,
        CLR => CLR,
        D => A_Q(11),
        Q => OP_S);
--------
FDC_Z : FDC_A port map( -- Zero-Flag
        CLK => CLK,
        CLR => CLR,
        D => Z1,
        Q => OP_Z);
--------
AND2_2A : AND2_A port map( -- Steuereingang
        I0 => S(2),
        I1 => S(0),
        O => SA);
--------
AND2_1A : AND2_A port map( -- Steuereingang
        I0 => S(2),
        I1 => S(1),
        O => SB);
--------
FDC_C : FDC_A port map( -- Carry-Out
        CLK => CLK,
        CLR => CLR,
        D => DOUT,
        Q => OP_C);
end AKKU_ARCH;
--------
```

3.7.1 VHDL-Code für die n-Bit-ALU-Einheit

Die 1-Bit-ALU wurde bereits in Kap. 2 behandelt (siehe Abb. 2.19). Der zweite Multiplexer 8:1 (MUX2) aus der Schaltung könnte durch einen Multiplexer 4:1 ersetzt werden. Der obige Entwurf ist nur eine von vielen Möglichkeiten der Strukturierung für die 1-Bit-ALU. Welche Form die günstigste ist, hängt sehr stark von den Hardware-Ressourcen, d. h. von der Ziel-Hardware ab. Ansonsten kann nur eine Abschätzung vorgenommen werden über die Anzahl der Bausteine und die Anzahl der notwendigen Eingänge. Die 1-Bit-Struktur kann nun wieder hierarchisch zu einer n-Bit-ALU ergänzt werden. Hier wird eine Strukturierung mit 4-Bit-Blöcken vorgenommen.

3.7.1.1 VHDL-Code für die 1-Bit-ALU-Einheit

```
--------
-- Modul: ALU1_1.VHD
--------
library ieee;
use ieee.std_logic_1164.all;
---- Entity Declaration ----
entity ALU1_1 is port (
        AI : in std_logic;
        BI : in std_logic;
        CI : in std_logic;
        S : in std_logic_vector(2 downto 0);
        DI : out std_logic;
        FI : out std_logic);
end ALU1_1;
---- Architecture Declaration ----
architecture ALU1_ARCH of ALU1_1 is
---- Component Declaration ----
component VOLLADD port (
        A : in std_logic;
        B : in std_logic;
        C : in std_logic;
        COUT : out std_logic;
        S : out std_logic);
end component;
--------
component INV_A port ( -- Inverter
        I : in std_logic;
        O : out std_logic);
end component;
--------
```

```
component MUX8 port ( -- MUX 8:1
        A : in std_logic;
        B : in std_logic;
        C : in std_logic;
        D : in std_logic;
        E : in std_logic;
        F : in std_logic;
        G : in std_logic;
        H : in std_logic;
        MUX_OUT : out std_logic;
        SEL : in std_logic_vector(2 downto 0));
end component;
--------
component NAND2_A port ( -- NAND2-Glied
        I0 : in std_logic;
        I1 : in std_logic;
        O : out std_logic);
end component;
--------
---- Signal Declaration ----
signal SU_I : std_logic;
signal C_IN : std_logic;
signal INV_1 : std_logic;
signal INV_2 : std_logic;
signal SUB_I : std_logic;
signal NA_I : std_logic;
signal SUB_IN : std_logic;
signal SUB_A : std_logic;
signal GND_L : std_logic;
--------

begin
---- Signal Assignment ----
        GND_L <= '0';
---- Component Instances ----
ADD1_1 : VOLLADD port map( -- 1-Bit-Addierer
        A => AI,
        B => BI,
        C => CI,
        COUT => C_IN,
        S => SU_I);
```

```
--------
SUB1_1 : VOLLADD port map( -- 1-Bit-Subtrahierer
        A => AI, -- als 2.-Komplement
        B => INV_2,
        C => INV_1,
        COUT => SUB_IN,
        S => SUB_I);
--------
INV_1A : INV_A port map( -- Inverter
        I => CI,
        O => INV_1);
--------
INV_2A : INV_A port map( -- Inverter
        I => BI,
        O => INV_2);
--------
INV_3A : INV_A port map( -- Inverter
        I => SUB_IN,
        O => SUB_A);
--------
MUX8_1 : MUX8 port map( -- MUX 8:1
        A => AI,
        B => SUB_I,
        C => NA_I,
        D => SU_I,
        E => AI,
        F => BI,
        G => AI,
        H => AI,
        MUX_OUT => FI, -- Funktion FI
        SEL => S);
--------
NAND2_1A : NAND2_A port map( -- NAND-Fkt
        I0 => BI,
        I1 => AI,
        O => NA_I);
--------
MUX8_2 : MUX8 port map( -- MUX 8:1
        A => GND_L,
        B => SUB_A,
        C => GND_L,
        D => C_IN,
```

```
        E => GND_L,
        F => GND_L,
        G => GND_L,
        H => GND_L,
        MUX_OUT => DI, -- Funktion DI
        SEL => S);
end ALU1_ARCH;
--------
```

Für die 1-Bit-ALU wurden unter anderem ein 1-Bit-Volladdierer und ein 1-Bit-Subtrahierer verwendet. Als Subtrahierer kann ein Volladdierer mit vorgeschalteten Invertern verwendet werden (2. Komplement).

1-Bit-Volladdierer

```
--------
-- Modul: VOLLADD.VHD
--------
library ieee;
use ieee.std_logic_1164.all;
---- Entity Declaration ----
entity VOLLADD is port (
        A : in std_logic;
        B : in std_logic;
        C : in std_logic;
        S : out std_logic;
        COUT : out std_logic);
end VOLLADD;
--------Architecture Declaration --------
architecture VOLLADD_ARCH of VOLLADD is
--------
begin
---- Concurrent Statements ----
        S <= A xor B xor C;
        COUT <= (A and B) or (A and C) or (B and C);
end VOLLADD_ARCH;
--------
```

3.7.1.2 VHDL-Code für die 4-Bit-ALU-Einheit

Der folgende VHDL-Code zeigt die 4-Bit-ALU nach dem strukturierten Entwurf. In der Praxis werden oft 4-Bit-Blöcke zu Kaskaden zusammengefasst.

```
--------
-- Modul: ALU4_1.VHD
--------
library ieee;
use ieee.std_logic_1164.all;
use ieee.std_logic_unsigned.all;
use ieee.numeric_std.all;
---- Entity Declaration ----
entity ALU4_1 is port (
        A : in std_logic_vector(3 downto 0);
        B : in std_logic_vector(3 downto 0);
        S : in std_logic_vector(2 downto 0);
        DOUT : out std_logic;
        F : out std_logic_vector(3 downto 0));
end ALU4_1;
---- Architecture Declaration ----
architecture ALU4_ARCH of ALU4_1 is
---- Component Declaration ----
component ALU1_1 port ( -- 1Bit-ALU
        AI : in std_logic;
        BI : in std_logic;
        CI : in std_logic;
        S : in std_logic_vector(2 downto 0);
        DI : out std_logic;
        FI : out std_logic);
end component;
--------
---- Signal Assignments ----
signal IN16,IN20,IN21 : std_logic;
begin
---- Component Instances ----
ALU1_1A : ALU1_1 port map( -- 1Bit-ALU 1
        AI => A(0),
        BI => B(0),
        CI => CI,
        S => S,
        DI => IN20,
        FI => F(0));
--------
ALU1_2A : ALU1_1 port map( -- 1Bit-ALU 2
        AI => A(1),
        BI => B(1),
```

```
       CI => IN20,
       S => S,
       DI => IN16,
       FI => F(1));
--------
ALU1_3A : ALU1_1 port map( -- 1Bit-ALU 3
       AI => A(2),
       BI => B(2),
       CI => IN16,
       S => S,
       DI => IN21,
       FI => F(2));
--------
ALU1_4A : ALU1_1 port map( -- 1Bit-ALU 4
       AI => A(3),
       BI => B(3),
       CI => IN21,
       S => S,
       DI => DOUT,
       FI => F(3));
--------
end ALU4_ARCH;
--------
```

Die Abb. 3.9 zeigt die generierte Schaltung vom Synthese-Tool. Die Schaltung zeigt nur einen Ausschnitt.

3.7.1.3 VHDL-Code für die 12-Bit-ALU-Einheit(1)

Der folgende VHDL-Code zeigt das strukturierte Modell der 12-Bit-ALU-Einheit. Auf die Darstellung der synthetisierten Schaltung wird hier aus Platzgründen verzichtet. Nach dem Synthese-Bericht ergeben sich die Werte:
- 12x 1-Bit-Multiplexer 8:1
- 48x 1-Bit-XOR2

oder
- 24x Number of Slice LUTs (Look Up Table)

Die maximale Verzögerung der kombinatorischen Schaltung beträgt 17.8 ns.

Verwendet wurde der FPGA-Baustein Spartan6 XC6SLX9 der Firma Xilinx.

Anhand des Schaltungsaufwandes ist zu erkennen, dass für die 12-Bit-ALU das Synthese-Tool nicht das Modell der 1-Bit-ALU aus Kap. 2 umgesetzt, sondern eine Optimierung vorgenommen hat (siehe Abb. 2.19, Kap. 2).

In Kap. 4.7.1 wird die 12-Bit-ALU-Einheit mit der Behavioral-Methode erstellt.

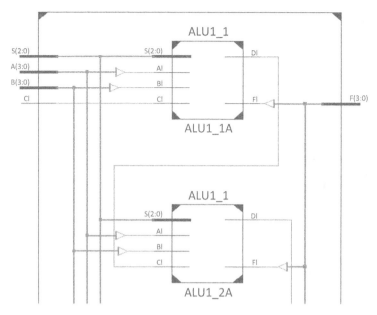

Abb. 3.9: Synthetisierte Schaltung der 4-Bit-ALU (Auszug).

```
--------
-- Modul: ALU12_1.VHD
--------

library ieee;
use ieee.std_logic_1164.all;
---- Entity Declaration ----
entity ALU12_1 is port (
        A : in std_logic_vector(11 downto 0);
        B : in std_logic_vector(11 downto 0);
        F : out std_logic_vector(11 downto 0);
        CIN : in std_logic;
        S : in std_logic_vector(2 downto 0);
        DOUT : out std_logic);
end ALU12_1;
---- Architecture Declaration ----
architecture ALU_ARCH of ALU12_1 is
---- Component Declaration ----
component ALU4_1 port ( -- 4-Bit-ALU
        A : in std_logic_vector(3 downto 0);
        B : in std_logic_vector(3 downto 0);
        CI : in std_logic;
        S : in std_logic_vector(2 downto 0);
```

```
        DOUT : out std_logic;
        F : out std_logic_vector(3 downto 0));
end component;
---- Signal Declaration ----
signal IN1 : std_logic;
signal IN2 : std_logic;
begin
---- Component Instances ----
ALU4_1A : ALU4_1 port map( -- 4-Bit-ALU1
        A => A(3 downto 0),
        B => B(3 downto 0),
        CI => CIN,
        S => S,
        DOUT => IN2,
        F => F(3 downto 0));
--------

ALU4_2A : ALU4_1 port map( -- 4-Bit-ALU2
        A => A(7 downto 4),
        B => B(7 downto 4),
        CI => IN2,
        S => S,
        DOUT => IN1,
        F => F(7 downto 4));
--------

ALU4_3A : ALU4_1 port map( -- 4-Bit-ALU3
        A => A(11 downto 8),
        B => B(11 downto 8),
        CI => IN1,
        S => S,
        DOUT => DOUT,
        F => F(11 downto 8));
end ALU_ARCH;
--------
```

3.7.2 VHDL-Code für das n-Bit-Universal-Register

Das Universal-Register wird als Akkumulator-Register verwendet. Das Register ist für das Ergebnis und die SHIFT-Funktionen in der AKKU-Einheit zuständig. Das 1-Bit-Universal-Register ist bereits in Kap. 2 behandelt worden (siehe Abb. 2.20). Das 12-Bit-Universal-Register wird aus 1-Bit- und 4-Bit-Blöcken als VHDL-Modell erstellt. Eine Erweiterung auf ein n-Bit-Register kann damit leicht vorgenommen werden [13].

3.7.2.1 VHDL-Code für das 1-Bit-Universal-Register

```
--------
-- Modul: UREG1_1.VHD
--------
library ieee;
use ieee.std_logic_1164.all;
---- Entity Declaration ----
entity UREG1_1 is port (
        CLK : in std_logic;
        CLR : in std_logic;
        DI : in std_logic;
        QIM1 : in std_logic;
        QIP1 : in std_logic;
        S0 : in std_logic;
        S1 : in std_logic;
        QI : out std_logic;
        CE : in std_logic);
end UREG1_1;
---- Architecture Declaration ----
architecture UREG_ARCH of UREG1_1 is
---- Component Declaration ----
component FDCE_A port ( -- D-Flip-Flop
        D : in std_logic;
        CLK : in std_logic;
        CE : in std_logic;
        CLK : in std_logic;
        Q : out std_logic);
end component;
--------
component MUX4_1 port ( -- MUX 4:1
        D0 : in std_logic;
        D1 : in std_logic;
        D2 : in std_logic;
        D3 : in std_logic;
        O : out std_logic;
        S : in std_logic_vector(1 downto 0));
end component;
--------
component FDC_A port ( -- D-Flip-Flop
        CLK : in std_logic;
        CLR : in std_logic;
```

```vhdl
        D : in std_logic;
        Q : out std_logic);
end component;
--------

component INV_A port ( -- Inverter
        I : in std_logic;
        O : out std_logic);
end component;
--------

---- Signal Declaration ----
signal IN1 : std_logic;
signal IN3 : std_logic;
signal IN4 : std_logic;
begin
--------

---- Component Instances ----
INV_1 : INV_A port map( -- Inverter
        I => CLK,
        O => IN3);
--------

FDC_1A : FDCE_A port map( -- D-Flip-Flop
        D => IN1,
        CLK => CLK,
        CE => CE,
        CLR => CLR,
        Q => IN4);
--------

MUX4_1A : MUX4_1 port map( -- MUX 4:1
        D0 => DI,
        D1 => DI,
        D2 => QIP1,
        D3 => QIM1,
        O => IN1,
        S(0) => S0,
        S(1) => S1);
--------

FDC_2A : FDC_A port map( -- D-Flip-Flop
        CLK => IN3,
        CLR => CLR,
        D => IN4,
        Q => QI);
end UREG_ARCH;
--------
```

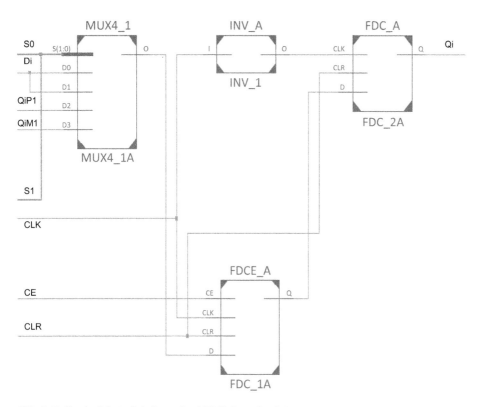

Abb. 3.10: Synthetisierte Schaltung des 1-Bit-Universalregisters.

Die Abb. 3.10 zeigt die synthetisierte Schaltung des 1-Bit-Universal-Registers. Die Schaltung entspricht genau der Vorgabe des VHDL-Modells. Die beiden D-Flip-Flops ergeben mit dem Inverter ein Master-Slave(MS)-Register.

3.7.2.2 VHDL-Code für das 4-Bit-Universal-Register

```
--------
-- Modul: UREG4_1.VHD
--------
library ieee;
use ieee.std_logic_1164.all;
---- Entity Declaration ----
entity UREG4_1 is port (
        CLK : in std_logic;
        CLR : in std_logic;
        D : in std_logic_vector(3 downto 0);
        QIM1 : in std_logic;
        QIP1 : in std_logic;
```

```vhdl
        S0 : in std_logic;
        S1 : in std_logic;
        Q : out std_logic_vector(3 downto 0);
        CE : in std_logic);
end UREG4_1;
---- Architecture Declaration ----
architecture UREG_ARCH of UREG4_1 is
---- Component Declaration ----
component UREG1_1 port ( -- 1-Bit-Universalregister
        CLK : in std_logic;
        CLR : in std_logic;
        DI : in std_logic;
        QIM1 : in std_logic;
        QIP1 : in std_logic;
        S0 : in std_logic;
        S1 : in std_logic;
        QI : out std_logic;
        CE : in std_logic);
end component;
--------
---- Signal Declaration ----
signal Q0_QIM1 : std_logic;
signal Q1_QIM1 : std_logic;
signal Q2_QIM1 : std_logic;
signal Q3_QIP1 : std_logic;
--------

begin
---- Signal Assignments ----
Q(0) <= Q0_QIM1;
Q(1) <= Q1_QIM1;
Q(2) <= Q2_QIM1;
Q(3) <= Q3_QIP1;
---- Component Instances ----
UREG_1A : UREG1_1 port map( -- 1-Bit-Universal-Register 1
        CLK => CLK,
        CLR => CLR,
        DI => D(0),
        QIM1 => QIM1,
        QIP1 => Q1_QIM1,
        S0 => S0,
        S1 => S1,
        QI => Q0_QIM1,
```

```
      CE => CE);
--------
UREG_2A : UREG1_1 port map( -- 1-Bit-Universal-Register 2
      CLK => CLK,
      CLR => CLR,
      DI => D(1),
      QIM1 => Q0_QIM1,
      QIP1 => Q2_QIM1,
      S0 => S0,
      S1 => S1,
      QI => Q1_QIM1,
      CE => CE);
--------
UREG_3A : UREG1_1 port map( -- 1-Bit-Universal-Register 3
      CLK => CLK,
      CLR => CLR,
      DI => D(2),
      QIM1 => Q1_QIM1,
      QIP1 => Q3_QIP1,
      S0 => S0,
      S1 => S1,
      QI => Q2_QIM1,
      CE => CE);
--------
UREG_4A : UREG1_1 port map( -- 1-Bit-Universal-Register 4
      CLK => CLK,
      CLR => CLR,
      DI => D(3),
      QIM1 => Q2_QIM1,
      QIP1 => QIP1,
      S0 => S0,
      S1 => S1,
      QI => Q3_QIP1,
      CE => CE);
end UREG_ARCH;
--------
```

3.7.2.3 VHDL-Code für das 12-Bit-Universal-Register(1)

```
--------
-- Modul: UREG12_1.VHD
--------
library ieee;
use ieee.std_logic_1164.all;
---- Entity Declaration ----
entity UREG12_1 is port (
        D : in std_logic_vector(11 downto 0);
        Q : out std_logic_vector(11 downto 0);
        CLK : in std_logic;
        CLR : in std_logic;
        S0 : in std_logic;
        S1 : in std_logic;
        CE : in std_logic);
end UREG12_1;
---- Architecture Declaration ----
architecture UREG_ARCH of UREG12_1 is
---- Component Declaration ----
component UREG4_1 port ( -- 4-Bit-Universalregister
        CLK : in std_logic;
        CLR : in std_logic;
        D : in std_logic_vector(3 downto 0);
        QIM1 : in std_logic;
        QIP1 : in std_logic;
        CE : in std_logic;
        S0 : in std_logic;
        S1 : in std_logic;
        Q : out std_logic_vector(3 downto 0));
end component;
--------
---- Signal Declaration ----
signal GND_L : std_logic;
signal Q_IN : std_logic_vector(11 downto 0);
begin
---- Signal Assignments ----
        GND_L <= '0';
        Q <= Q_IN;
---- Component Instances ----
UREG4_1A : UREG4_1 port map( -- 4-Bit-Universal-Register 1
        CLK => CLK,
```

```
        CLR => CLR,
        D => D(3 downto 0),
        QIM1 => GND_L,
        QIP1 => Q_IN(4),
        S0 => S0,
        S1 => S1,
        Q => Q_IN(3 downto 0),
        CE => CE);
--------
UREG4_2A : UREG4_1 port map( -- 4-Bit-Universal-Register 2
        CLK => CLK,
        CLR => CLR,
        D => D(7 downto 4),
        QIM1 => Q_IN(3),
        QIP1 => Q_IN(8),
        S0 => S0,
        S1 => S1,
        Q => Q_IN(7 downto 4),
        CE => CE);
--------
UREG4_3A : UREG4_1 port map( -- 4-Bit-Universal-Register 3
        CLK => CLK,
        CLR => CLR,
        D => D(11 downto 8),
        QIM1 => Q_IN(7),
        QIP1 => GND_L,
        S0 => S0,
        S1 => S1,
        Q => Q_IN(11 downto 8),
        CE => CE);
end UREG_ARCH;
--------
```

Die Abb. 3.11 zeigt einen Ausschnitt aus der synthetisierten Schaltung des Universal-Registers. Verwendet wurde der FPGA-Baustein Spartan6 XC6SLX9. Die maximale Taktfrequenz beträgt dabei 331 MHz.

Der grobe Schaltungsaufwand beträgt hier:
- 24x D-Flip-Flops
- 12x 1-Bit-Multiplexer 4:1

oder
- 24x Number of Slice Register
- 13x Number of LUTs (Look Up Table)

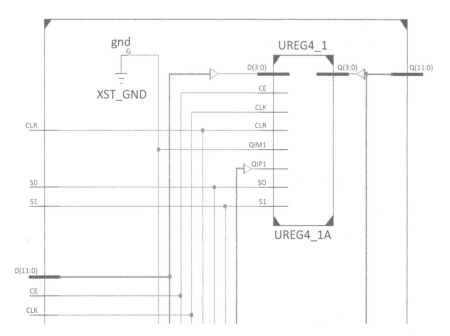

Abb. 3.11: Synthetisierte Schaltung des 12-Bit-Universal-Registers (Auszug).

Durch eine Änderung der VHDL-Struktur ergeben sich auch andere Synthese-Ergebnisse. In Kap. 4 wird dazu ein 12-Bit-Universal-Register nach der Behavioral-Methode behandelt.

3.7.3 VHDL-Code für den 12-Bit-Komparator

Der folgende VHDL-Code zeigt einen einfachen 12-Bit-Komparator, der nur das Ergebnis auf Null testet. Für derartige Schaltungen werden in der Regel Verhaltensbeschreibungen in VHDL gewählt.

```
--------
-- Modul: COMP12_1.VHD
--------
library ieee;
use ieee.std_logic_1164.all;
---- Entity Declaration ----
entity COMP12_1 is port (
        A : in std_logic_vector(11 downto 0);
        EQ : out std_logic);
end COMP12_1;
---- Architecture Declaration ----
```

```vhdl
architecture COMP12_ARCH of COMP12_1 is
---- Signal Declaration ----
signal ZERO : std_logic_vector(11 downto 0);
--------

begin
---- Signal Assignments ----
      ZERO <= "000000000000";
---- Process Statement ----
d1: process (A)
begin
      if A = ZERO then
      EQ <= '1';
      else
      EQ <= '0';
      end if;
end process d1;
end COMP12_ARCH;
--------
```

4 Modellierung des 12-Bit-Mikroprozessor-Systems(2)

Die Abb. 4.1 zeigt das veränderte Blockdiagramm des Mikroprozessor-Systems gegen-über dem Entwurf in Kap. 3. Die wesentlichen Änderungen liegen beim Operations-werk und beim RAM-Speicher. Der RAM-Speicher wird hier mit Hilfe eines IP-Core-Generators erzeugt. Die Komponenten des Operationswerkes werden alle bis auf die AKKU-Einheit nach der Behavioral-Methode erstellt. Hier soll weniger die Optimie-rung des Mikroprozessor-Systems betrachtet werden, sondern die unterschiedlichen VHDL-Modelle mit den entsprechenden Synthese-Ergebnissen.

Die Bezeichnungen der Ein- und Ausgangssignale für die beiden Mikroprozessor-Systeme sind gleich geblieben [18].

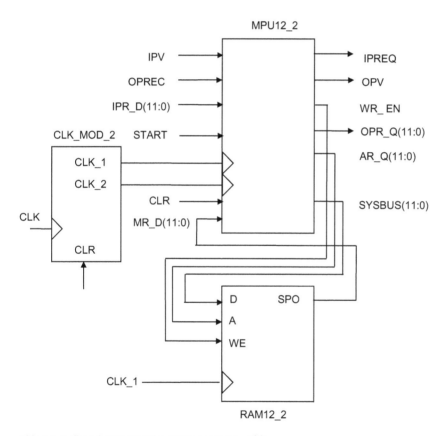

Abb. 4.1: Aufbau des 12-Bit-Mikroprozessor-Systems(2).

https://doi.org/10.1515/9783110583069-004

4.1 VHDL-Code für das Mikroprozessor-System MPU12_S2

```vhdl
--------
-- Modul: MPU12_S2.VHD
--------
library ieee;
use ieee.std_logic_1164.all;
use ieee.std_logic_unsigned.all;
use ieee.numeric_std.all;
---- Entity Declaration ----
entity MPU12_S2 is port (
        OPR_Q : out std_logic_vector(11 downto 0);
        IPR_D : in std_logic_vector(11 downto 0);
        CLK : in std_logic;
        CLR : in std_logic;
        IPV : in std_logic;
        START : in std_logic;
        OPREC : in std_logic;
        IPREQ : out std_logic;
        OPV : out std_logic);
end MPU12_S2;
---- Architecture Declaration ----
architecture MPU12_ARCH of MPU12_S2 is
---- Component Declaration ----
component MPU12_2 port ( -- 12-Bit Prozessor
        MR_D : in std_logic_vector(11 downto 0);
        SYSBUS : inout std_logic_vector(11 downto 0);
        OPR_Q : out std_logic_vector(11 downto 0);
        IPR_D : in std_logic_vector(11 downto 0);
        AR_Q : out std_logic_vector(11 downto 0);
        WR_EN : out std_logic;
        CLR : in std_logic;
        CLK_STW : in std_logic;
        CLK_OPW : in std_logic;
        IPV : in std_logic;
        IPREQ : out std_logic;
        OPV : out std_logic;
        OPREC : in std_logic;
        START : in std_logic);
end component;
--------
```

```vhdl
component RAM12_2 port ( -- 12-Bit-RAM-Speicher
        D : in std_logic_vector(11 downto 0);
        A : in std_logic_vector(9 downto 0);
        SPO : out std_logic_vector(11 downto 0);
        WE : in std_logic;
        CLK : in std_logic);
end component;
--------
component CLK_MOD_2 port ( -- Frequenzteiler mit Delay
        CLK : in std_logic;
        CLR : in std_logic;
        CLK_1 : inout std_logic;
        CLK_2 : inout std_logic);
end component;
---- Signal Declaration ----
signal WR_IN : std_logic;
signal DA_1 : std_logic_vector(11 downto 0);
signal SYS_IN : std_logic_vector(11 downto 0);
signal ADR_IN : std_logic_vector(9 downto 0);
signal IN_CLK_OPW : std_logic;
signal IN_CLK_STW : std_logic;
signal GND2 : std_logic_vector(1 downto 0);
--------
begin
---- Signal Assignment ----
        GND2 <= "00";
---- Component Instances ----
MPU12_2A : MPU12_2 port map( -- 12-Bit-Prozessor
        MR_D => DA_1,
        SYSBUS => SYS_IN,
        OPR_Q => OPR_Q,
        IPR_D => IPR_D,
        AR_Q(11 downto 10) => GND2(1 downto 0), -- 2-Bit-Ground
        AR_Q(9 downto 0) => ADR_IN(9 downto 0), -- 10-Bit-ADR
        WR_EN => WR_IN,
        CLR => CLR,
        CLK_STW => IN_CLK_STW,
        CLK_OPW => IN_CLK_OPW,
        IPV => IPV,
        IPREQ => IPREQ,
        OPV => OPV,
        OPREC => OPREC,
```

```
        START => START);
--------
CLK_MOD_2A : CLK_MOD_2 port map( -- Frequenzteiler mit Delay
        CLK => CLK,
        CLR => CLR,
        CLK_1 => IN_CLK_OPW, -- CLK/2
        CLK_2 => IN_CLK_STW); -- CLK/2 + Delay
--------
RAM_2A : RAM12_2 port map( -- 12-Bit-RAM-Speicher
        D => SYS_IN,
        A(9 downto 0) => ADR_IN(9 downto 0), -- 10-Bit-ADR
        SPO => DA_1,
        WE => WR_IN,
        CLK => IN_CLK_OPW);
end MPU12_ARCH;
--------
```

4.2 VHDL-Code für den Mikroprozessor MPU12_2

```
--------
Modul MPU12_2.VHD
--------
library ieee;
use ieee.std_logic_1164.all;
use ieee.std_logic_arith.all;
use ieee.std_logic_unsigned.all;
---- Entity Declaration ----
entity MPU12_2 is port (
        OPR_Q : out std_logic_vector(11 downto 0);
        IPR_D : in std_logic_vector(11 downto 0);
        AR_Q : out std_logic_vector(11 downto 0);
        MR_D : in std_logic_vector(11 downto 0);
        SYSBUS : inout std_logic_vector(11 downto 0);
        CLK_STW : in std_logic;
        CLR : in std_logic;
        CLK_OPW : in std_logic;
        WR_EN : out std_logic;
        IPV : in std_logic;
        START : in std_logic;
        OPREC : in std_logic;
```

```vhdl
        IPREQ : out std_logic;
        OPV : out std_logic);
end MPU12_2;
---- Architecture Declaration ----
architecture MPU_ARCH of MPU12_2 is
---- Component Declaration ----
component STW12_2 port ( -- 12-Bit-Steuerwerk
        A : out std_logic_vector(16 downto 0);
        OPC : in std_logic_vector(4 downto 0);
        CLR : in std_logic;
        CLK : in std_logic;
        IPV : in std_logic;
        OP_Z : in std_logic;
        OP_S : in std_logic;
        OP_C : in std_logic;
        IPREQ : out std_logic;
        OPV : out std_logic;
        OPREC : in std_logic;
        START : in std_logic);
end component;
--------

component OPW12_2 port ( -- 12-Bit-Operationswerk
        MR_D : in std_logic_vector(11 downto 0);
        IPR_D : in std_logic_vector(11 downto 0);
        AR_Q : out std_logic_vector(11 downto 0);
        IR_Q : out std_logic_vector(4 downto 0); -- Opcode
        OPR_Q : out std_logic_vector(11 downto 0);
        SYSBUS : inout std_logic_vector(11 downto 0);
        A : in std_logic_vector(16 downto 0);
        CLK : in std_logic;
        CLR : in std_logic;
        OP_C : out std_logic; -- Statusflags
        OP_S : out std_logic;
        OP_Z : out std_logic);
end component;
---- Signal Declaration ----
signal ST_C1 : std_logic;
signal ST_S1 : std_logic;
signal ST_Z1 : std_logic;
signal A : std_logic_vector(16 downto 0); -- 17-Bit-Ansteuervektor
signal OPC : std_logic_vector(4 downto 0);
begin
```

```
---- Signal Assignments ----
      WR_EN <= A(13); -- Write Enable
---- Component Instances ----
STW_2A : STW12_2 port map( -- 12-Bit-Steuerwerk
      A => A, -- 17-Bit-Ansteuervektor
      OPC => OPC,
      CLR => CLR,
      CLK => CLK_STW, -- CLK/2 + Delay
      IPV => IPV,
      IPREQ => IPREQ,
      OP_Z => ST_Z1, -- Statusflag
      OP_S => ST_S1, -- Statusflag
      OP_C => ST_C1, -- Statusflag
      OPV => OPV,
      OPREC => OPREC,
      START => START);
--------

OPW_2A : OPW12_2 port map( -- 12-Bit-Operationswerk
      MR_D => MR_D,
      IPR_D => IPR_D,
      AR_Q => AR_Q,
      IR_Q => OPC,
      OPR_Q => OPR_Q,
      SYSBUS => SYSBUS,
      A => A, -- 17-Bit-Ansteuervektor
      CLK => CLK_OPW, -- CLK/2
      CLR => CLR,
      OP_C => ST_C1, -- Statusflag
      OP_S => ST_S1, -- Statusflag
      OP_Z => ST_Z1); -- Statusflag
end MPU_ARCH;
--------
```

4.3 VHDL-Code für den Frequenzteiler(2)

Der Frequenzteiler wurde bereits in Kap. 3 eingeführt (siehe Abb. 3.3). Hier wird eine andere VHDL-Beschreibung für den gleichen Frequenzteiler verwendet. Die VHDL-Struktur besteht dabei aus drei **process**-Anweisungen. Die Abb. 4.2 zeigt die synthetisierte Schaltung. Die Realisierung der Schaltung hat den gleichen Schaltungsaufwand und die gleiche Taktfrequenz (429 MHz) wie die Schaltung in Kap. 3.

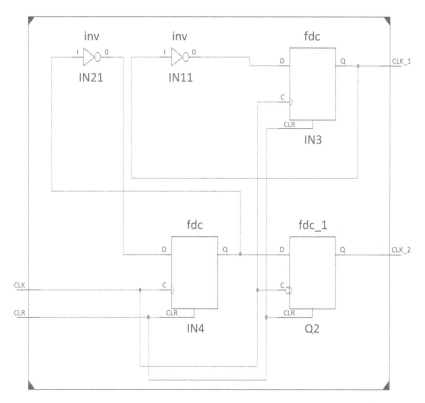

Abb. 4.2: Synthetisierte Schaltung des Frequenzteilers(2).

```
--------
-- Modul: CLK_MOD_2.VHD
-- Frequenzteiler mit Verzögerung
-- CLK_1 = CLK/2
-- CLK_2 = CLK/2 + Delay
--------
library ieee;
use ieee.std_logic_1164.all;
use ieee.std_logic_arith.all;
---- Entity Declaration ----
entity CLK_MOD_2 is port (
        CLK : in std_logic;
        CLR : in std_logic;
        CLK_1 : out std_logic;
        CLK_2 : inout std_logic);
end CLK_MOD_2;
```

```vhdl
---- Architecture Declaration ----
architecture CLK_MOD_ARCH of CLK_MOD_2 is
---- Signal Declaration ----
signal IN1 : std_logic;
signal IN2 : std_logic;
signal IN3 : std_logic;
signal IN4 : std_logic;
signal IN5 : std_logic;
signal Q2 : std_logic;
begin
---- Signal Assignments ----
      IN1 <= not IN3;
      IN2 <= not IN4;
      IN5 <= not CLK;
      CLK_1 <= IN3; -- CLK/2
      CLK_2 <= Q2; -- CLK/2 + Delay
---- Process Statement ----
p1: process (CLK,CLR)
begin
      if CLR = '1' then
      IN3 <= '0';
      elsif (CLK'event and CLK = '1') then
      IN3 <= IN1;
      end if;
end process p1;
---- Process Statement ----
p2: process (CLK,CLR)
begin
      if CLR = '1' then
      IN4 <= '0';
      elsif (CLK'event and CLK = '1') then
      IN4 <= IN2;
      end if;
end process p2;
---- Process Statement ----
p3: process (IN5,CLR)
begin
      if CLR = '1' then
      Q2 <= '0';
      elsif (IN5'event and IN5 = '1') then
      Q2 <= IN4;
      end if;
```

```
end process p3;
--------
end CLK_MOD_ARCH;
--------
```

4.4 RAM-Speicher mit IP-Core-Generator

Im Folgenden wird ein RAM-Speicher mit Hilfe eines IP-Core-Generators erstellt.

In der Praxis werden IP-Cores immer häufiger in neuen Schaltungen als Funktionsblöcke eingesetzt, um Entwicklungszeit und -Kosten zu minimieren. Dabei können IP-Cores unterschieden werden in:
– Hard IPs
– Soft IPs
– IP-Core-Generatoren

Hard IPs besitzen ein fest vorgegebenes Layout und Timing und feste Hardware-Schnittstellen. Sie sind in Bezug auf Geschwindigkeit, Platzbedarf und Leistungsaufnahme optimiert und daher Halbleiterhersteller- und Technologie-abhängig. Die Soft IPs basieren auf einer synthetisierbaren Beschreibung in einer Hardware-Beschreibungssprache (meist VHDL oder Verilog) und sind in der Regel Hersteller- und Technologie-unabhängig. Sie stehen entweder vorkompiliert oder als Source-Code zur Verfügung. Fertige IP-Cores gibt es inzwischen für viele Anwendungen.

IP-Generatoren sind Software-Tools, mit denen man Module wie Addierer, Multiplizierer, Speicher, usw. erstellen kann. In die einfach zu bedienenden Tools werden dazu die notwendigen Parameter für die Module eingegeben und das Modul wird generiert. Diese Generatoren, die von den einzelnen FPGA-Herstellern angeboten werden, bieten die Möglichkeit, die generierten Komponenten an ein beliebiges System anzupassen.

Abb. 4.3 zeigt ein vereinfachtes Diagramm für den Designfluss eines IP-Core-Generators von Xilinx [18]. Es kann zunächst eine Auswahl der angebotenen Module in der IP-Core-Bibliothek getroffen werden. Dann kann das Modul generiert und in die eigene Schaltung eingebunden werden (Implementation).

Bei dem hier betrachteten IP-Core-Generator von Xilinx sind die erstellten VHDL-Modelle Technologie-abhängig, d. h. sie sind an die FPGA-Bausteine von Xilinx angepasst. Beim Generieren eines IP-Cores muss daher immer ein entsprechender FPGA-Baustein mit angegeben werden. Dafür ergeben sich große Vorteile bei der Optimierung des Systems, da die IP-Cores bereits die Hardware-Ressourcen optimal ausnutzen.

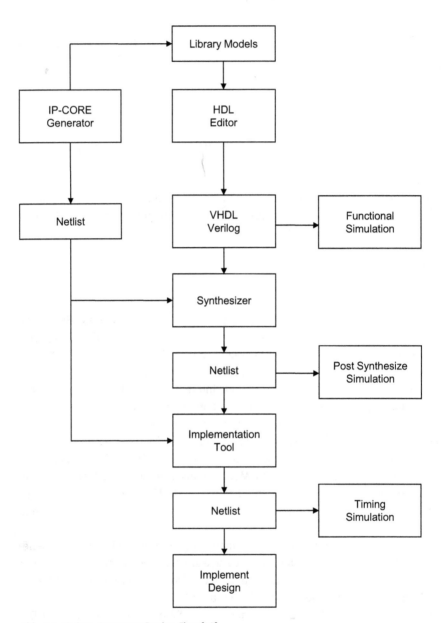

Abb. 4.3: IP-Core-Generator-Design-Flow [18].

Realisierung eines 12-Bit-RAM-Speichers

Hier sollen nur die synchronen RAM-Speicher mit den zuvor besprochenen Eigenschaften betrachtet werden.

Die Generierung des RAM-Speichers erfolgt dabei in drei Schritten:
– Daten in den Texteditor eingeben
– Erstellen eines Datenfiles
– Generieren des RAM-Speichers

Mit Hilfe eines Texteditors werden die Anfangsadresse und das Maschinenprogramm für den Prozessor eingegeben. Dann wird ein Datenfile mit dem entsprechenden Format erstellt. Für den Xilinx IP-Core-Generator haben die Datenfiles die Formate:
– **filename.cgf**
– **filename.coe**

Das cgf-Datenfile wird in der Regel mit dem Memory-Editor erstellt. Das Datenfile muss in ein binäres coe-Format umgewandelt werden.

Als nächstes wird der RAM-Speicher generiert. In den RAM-Speicher muss das Datenfile filename.coe geladen werden. Der Core-Generator liefert eine fertige Netzliste für den RAM-Speicher mit der entsprechenden Initialisierung. Der Core-Generator ist in diesem Fall an die Hardware-Ressourcen angepasst, d. h. es werden bei der Generierung des RAMs die reservierten Speicherblöcke der FPGA-Bausteine verwendet.

Solange das Prozessorsystem nur in einer funktionalen Simulation getestet wird, ist man unabhängig von der Ziel-Hardware und das Prozessorsystem kann beliebig gewählt werden, es ist dann nur abhängig von der Leistungsfähigkeit der Entwicklungssoftware. Beim Umgang mit programmierbarer Logik wird jedoch stets die Ziel-Hardware mit betrachtet.

Für die Erstellung des RAMs und dem Laden von Testprogrammen wird ein IP-Core-Generator von Xilinx [18] verwendet. Dadurch können die FPGA-Ressourcen besser genutzt werden. Im Anhang wird ausführlich auf den Umgang mit dem IP-Core-Generator eingegangen.

Ein Auszug dieser Dateien in Binär- und Hexformat ist hier zu sehen:

12-Bit-Hexformat (cgf-Datei)

```
--------
MEMORY_INITIALIZATION_RADIX = 16
MEMORY_INITIALIZATION_VECTOR =
@1
002
001
0cd
f00
...
```

```
@50
0c0
020
0c4
020
...
@80
333
001
b00
f80
#end
--------
```

12-Bit-Binärformat (Auszug coe-Datei)

```
--------
MEMORY_INITIALIZATION_RADIX=2;
MEMORY_INITIALIZATION_VECTOR=
000000000000,
000000000000,
000000000000,
000011000000,
000000010001,
000000100011,
000000010000,
000011000100,
...,
000000000000;
--------
```

Bei der coe-Datei werden die Daten durch Kommas getrennt. Am Ende der Datei muss ein Semikolon stehen. Bei der cgf-Datei werden die Daten durch Leerzeichen getrennt. Die Adressangabe erfolgt direkt oder mit dem @-Symbol. Am Ende des Datenfiles muß ein #end stehen. Das Arbeiten mit dem Hex-Datenfile ist etwas überschaubarer als im binären Format. Die Datenfiles können direkt editiert werden, indem die Daten und Befehle entsprechend eingesetzt werden. Der IP-Core-Generator stellt meistens auch einen Memory-Editor zur Verfügung (siehe Anhang Abb. A.1).

4.5 VHDL-Modell für das 12-Bit-Steuerwerk(2)

In Kap. 3.5 wurde für das Steuerwerk(1) ein binärer Code für die Zustandscodierung des Automaten eingesetzt. Im vorliegenden Fall wird für das VHDL-Modell die „One-Hot"-Codierung gewählt. Die Codierung benutzt den (1-aus-n)-Code. Im VHDL-Code sind nur Änderungen für die Elemente des Aufzählungstyps notwendig.

Es sind folgende Änderungen beim VHDL-Code des Steuerwerks erforderlich:

```
---- Architecture Declaration ----
architecture STW_ARCH of STW12_2 is
---- Signal Declaration ----
type Sreg0_type is (S0, S1, S2, S3, S4, S5, S6); -- Zustände des
    Automaten
--------
attribute enum_cod: string; -- Zustandscodierung
attribute enum_cod of Sreg0_type: type is "0000001_0000010_0000100_
    0001000_0010000_0100000_1000000";
--------
signal Sreg0: Sreg0_type;
--------
```

Für jeden Zustand des Automaten wird ein Bit eingesetzt. Der restliche VHDL-Code ist der gleiche wie im Steuerwerk(1).

Der Synthese-Bericht ergibt die Werte:
- 7x Number of Slice Register
- 40x Number of Slice LUTs (Look Up Table)

Nach dem Synthese-Bericht ist der Schaltungsaufwand beim Steuerwerk(2) etwas geringer als beim Steuerwerk(1), die maximale Taktfrequenz beträgt hier 554 MHz gegenüber 408 MHz beim Steuerwerk(1). Durch die Änderung der Zustandscodierung kann somit die Taktfrequenz deutlich gesteigert werden.

4.6 VHDL-Modell für das 12-Bit-Operationswerk(2)

Die Abb. 4.4 zeigt den synthetisierten Funktionsblock des Operationswerkes. Die Ein- und Ausgangssignale des OPW's gegenüber dem Entwurf in Kap. 3 sind gleich geblieben, d. h. es werden nur interne Änderungen vorgenommen. Im Folgenden werden unterschiedliche VHDL-Modelle für die Komponenten des Operationswerkes erstellt. Die Strukturierung des Operationswerkes ist dabei erhalten geblieben (siehe Abb. 2.17 in Kap. 2).

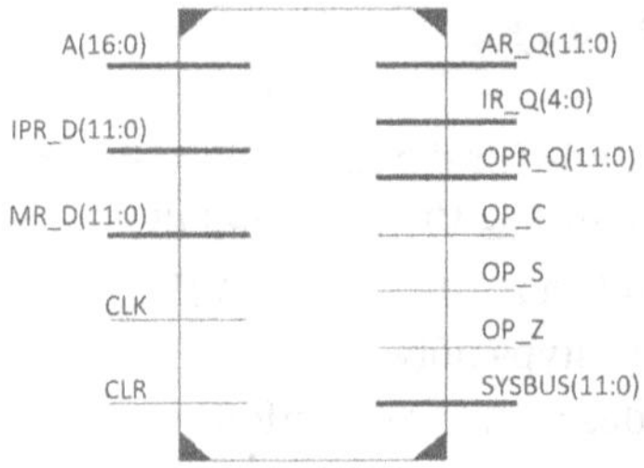

Abb. 4.4: Synthetisierter Funktionsblock des Operationswerkes(2).

Die folgende Darstellung zeigt den VHDL-Code für das Operationswerk.

```
--------
-- 17-Bit-Ansteuervektor A(16:0)
--
--        A(9)  A(8)  Funktion (Multiplexer)
-- ----------------
-- A      0     0     SYSBUS ← IPR_Q(11:0)
-- B      0     1     SYSBUS ← A_Q(11:0)
-- C      1     0     SYSBUS ← MR_Q(6:0)
-- D      1     1     SYSBUS ← MR_Q(11:0)
--
-- Status-Register
-- -----
-- OP_S: NEG-Flag
-- OP_Z: ZERO-Flag
-- OP_C: CARRY-Flag
--------
-- Modul: OPW12_2.VHD
--------

library ieee;
use ieee.std_logic_1164.all;
use ieee.std_logic_unsigned.all;
use ieee.numeric_std.all;
---- Entity Declaration ----
entity OPW12_2 is port (
        MR_D : in std_logic_vector(11 downto 0);
        IPR_D : in std_logic_vector(11 downto 0);
        AR_Q : out std_logic_vector(11 downto 0);
        IR_Q : out std_logic_vector(4 downto 0);
        OPR_Q : out std_logic_vector(11 downto 0);
        SYSBUS: inout std_logic_vector(11 downto 0);
        A : in std_logic_vector(16 downto 0);
        CLK : in std_logic;
```

```vhdl
        CLR : in std_logic;
        OP_C : out std_logic;
        OP_S : out std_logic;
        OP_Z : out std_logic);
end OPW12_2;
---- Architecture Declaration ----
architecture OPW_ARCH of OPW12_2 is
---- Component Declaration ----
component PC12_2 port ( -- 12-Bit-Program Counter
        Q : inout std_logic_vector(11 downto 0);
        D : in std_logic_vector(11 downto 0);
        CLK : in std_logic;
        C1 : in std_logic;
        C2 : in std_logic;
        CLR : in std_logic);
end component;
--------

component MUX2 port ( -- MUX 2:1
        MUX_OUT : out std_logic_vector(11 downto 0);
        A : in std_logic_vector(11 downto 0);
        B : in std_logic_vector(11 downto 0);
        SEL : in std_logic);
end component;
--------

component AKKU12_2 port ( -- 12-Bit-AKKU-Einheit
        B : in std_logic_vector(11 downto 0);
        Q : out std_logic_vector(11 downto 0);
        CIN : in std_logic;
        CLK : in std_logic;
        CLR : in std_logic;
        S : in std_logic_vector(2 downto 0);
        OP_C : out std_logic;
        OP_S : out std_logic;
        OP_Z : out std_logic);
end component;
--------

component STACK12_2 port ( -- 12-Bit-Register-Stack
        D : in std_logic_vector(11 downto 0);
        Q : out std_logic_vector(11 downto 0);
        CLK : in std_logic;
        CLR : in std_logic;
        SEL : in std_logic;
```

```
        CE : in std_logic);
end component;
--------
component REG12_A port ( -- 12-Bit-Register
        D : in std_logic_vector(11 downto 0);
        Q : out std_logic_vector(11 downto 0);
        CE : in std_logic;
        CLK : in std_logic;
        CLR : in std_logic);
end component;
--------
component TBUF12_2 port ( -- 12-Bit-Tri-State-Buffer
        D : in std_logic_vector(11 downto 0);
        Q : out std_logic_vector(11 downto 0);
        EN : in std_logic); -- EN aktiv high
end component;
--------
component OR4_A port ( -- OR4-Glied
        I0 : in std_logic;
        I1 : in std_logic;
        I2 : in std_logic;
        I3 : in std_logic;
        O : out std_logic);
end component;
--------
component MUX4 port ( -- MUX 4:1
        SEL : in std_logic_vector(1 downto 0);
        MUX_OUT : out std_logic_vector(11 downto 0);
        A : in std_logic_vector(11 downto 0);
        B : in std_logic_vector(11 downto 0);
        C : in std_logic_vector(11 downto 0);
        D : in std_logic_vector(11 downto 0));
end component;
--------
component REG5_2 port ( -- 5-Bit-Register
        D : in std_logic_vector(4 downto 0);
        Q : out std_logic_vector(4 downto 0);
        CE : in std_logic;
        CLK : in std_logic;
        CLR : in std_logic);
end component;
---- Signal Declaration ----
```

```
signal IN_TB : std_logic;
signal GND_L : std_logic;
signal GND5V : std_logic_vector(4 downto 0);
signal MUX_OUT : std_logic_vector(11 downto 0);
signal ST_Q : std_logic_vector(11 downto 0);
signal PC_Q : std_logic_vector(11 downto 0);
signal A_Q : std_logic_vector(11 downto 0);
signal MR_Q : std_logic_vector(11 downto 0);
signal IPR_Q : std_logic_vector(11 downto 0);
signal AR : std_logic_vector(11 downto 0);
signal MUX1_T : std_logic_vector(11 downto 0);
--------

begin
---- Signal Assignments ----
        GND_L <= '0';
        GND5V <= "00000";
---- Component Instances ----
PC_2A : PC12_2 port map( -- 12-Bit-Program Counter
        Q => PC_Q,
        D => MUX_OUT,
        CLK => CLK,
        C1 => A(2),
        C2 => A(1),
        CLR => CLR);
--------

MUX2_2A : MUX2 port map( -- MUX 2:1
        MUX_OUT => AR,
        A => SYSBUS,
        B => PC_Q,
        SEL => A(5));
--------

AKKU12_2A : AKKU12_2 port map( -- AKKU-Einheit
        B => SYSBUS, -- AKKU In
        Q => A_Q, -- AKKU Out
        CIN => GND_L,
        CLK => CLK,
        CLR => CLR,
        S => A(16 downto 14), -- Ansteuervektor
        OP_C => OP_C,
        OP_S => OP_S,
        OP_Z => OP_Z);
--------
```

```
STACK12_2A : STACK12_2 port map( -- 12-Bit-Register-Stack
        D => PC_Q,
        Q => ST_Q,
        CLK => CLK,
        CLR => CLR,
        SEL => A(4),
        CE => A(3));
--------
MUX2_2A : MUX2 port map( -- MUX 2:1
        MUX_OUT => MUX_OUT,
        A => SYSBUS,
        B => ST_Q,
        SEL => A(0));
--------
REG12_1A : REG12_A port map( -- Address-Register
        D => AR,
        Q => AR_Q,
        CE => A(6),
        CLK => CLK,
        CLR => CLR);
--------
TB12_2A : TBUF12_2 port map( -- 12-Bit-Tri-State-Buffer
        D => MUX1_T,
        Q => SYSBUS,
        EN => IN_TB); -- EN aktiv high
--------
OR4_1 : OR4_A port map( -- OR4 mit Ansteuervektoren
        I0 => A(11),
        I1 => A(8),
        I2 => A(9),
        I3 => A(13),
        O => IN_TB);
--------
MUX4_1A : MUX4 port map( -- MUX 4:1
        SEL(1) => A(9),
        SEL(0) => A(8),
        MUX_OUT => MUX1_T,
        A => IPR_Q,
        B => A_Q, -- AKKU Out
        C(11 downto 7) => GND5V(4 downto 0), -- 5-Bit GND
        C(6 downto 0) => MR_Q(6 downto 0), -- 7-Bit ADR
        D => MR_Q); -- Memory-Register Out
```

```
--------
REG12_2 : REG12_A port map( -- Input-Register IPR
        D => IPR_D,
        Q => IPR_Q,
        CE => A(11),
        CLK => CLK,
        CLR => CLR);
--------
REG12_3 : REG12_A port map( -- Memory-Register MR
        D => MR_D,
        Q => MR_Q,
        CE => A(7),
        CLK => CLK,
        CLR => CLR);
--------
REG12_4 : REG12_A port map( -- Output-Register OPR
        D => SYSBUS,
        Q => OPR_Q,
        CE => A(10),
        CLK => CLK,
        CLR => CLR);
--------
REG5_1A : REG5_2 port map( -- Instruction-Register IR
        D(4 downto 0) => MR_Q(11 downto 7),
        Q => IR_Q,
        CE => A(12),
        CLK => CLK,
        CLR => CLR);
end OPW_ARCH;
--------
```

4.6.1 VHDL-Code für das 12-Bit-Master-Slave-Register(2)

Der folgende VHDL-Code beschreibt das Behavioral-Modell des Registers. Die VHDL-Struktur besteht aus zwei **process**-Anweisungen und einer **concurren**t-Anweisung.

Der Vergleich mit dem 12-Bit-Master-Slave-Register(1) aus Kap. 3.6.3 ergibt den gleichen Schaltungsaufwand und die gleiche Taktfrequenz von 433 MHz.

```
--------
-- Modul REG12MS_2.VHD
--------
library ieee;
use ieee.std_logic_1164.all;
---- Entity Declaration ----
entity REG12MS_2 is port (
        CLK : in std_logic;
        CLR : in std_logic;
        CE : in std_logic;
        DI : in std_logic_vector(11 downto 0);
        QOUT : out std_logic_vector(11 downto 0));
end REG12MS_2;
---- Architecture Declaration ----
architecture MS12_ARCH of REG12MS_2 is
---- Signal Declaration ----
        signal CLK1 : std_logic;
        signal Q_I : std_logic_vector(11 downto 0);
begin
---- Process1 Statement ----
d1: process (CLK, CLR) -- Master-Stufe
begin
        if CLR = '1' then
        Q_I <= "000000000000";
        elsif (CLK'event and CLK = '1') then
        if CE = '1' then
        Q_I <= DI;
        end if;
        end if;
end process d1;
---- Process2 Statement ----
d2: process (CLK1, CLR) -- Slave-Stufe
begin
        if CLR = '1' then
                QOUT <= "000000000000";
        elsif (CLK1'event and CLK1 = '1') then
                QOUT <= Q_I;
        end if;
end process d2;
---- CLK-Invertierung ----
        CLK1 <= not CLK;
end MS12_ARCH;
--------
```

4.6.2 VHDL-Code für den 12-Bit-Programmzähler(2)

Der folgende VHDL-Code enthält eine **if-then-else**-Struktur. Der Source-Code wird sequenziell innerhalb einer **process**-Anweisung abgearbeitet. Der 12-Bit-Zähler ist bereits in Kap. 3.6.5 mit einer **case**-Struktur erstellt worden. Der Vergleich der beiden Programmzähler ergibt keine Unterschiede im Schaltungsaufwand und in der Taktfrequenz (522 MHz). Verwendet wurde hier wieder der FPGA-Baustein Spartan6 XC6SLX9 von Xilinx. Beim Synthese-Bericht müssen immer die VHDL-Struktur und der Baustein-Typ gemeinsam betrachtet werden.

```
--------
-- Modul PC12_2.VHD
-- Funktionstabelle
-- C1 C2 Funktion
-- -----
-- 0 0 Q = const.
-- 0 1 Q = const.
-- 1 0 Q = Q + 1
-- 1 1 Q = DIN
--------
library ieee;
use ieee.std_logic_1164.all;
use ieee.std_logic_arith.all;
use ieee.std_logic_unsigned.all;
--------
---- Entity Declaration ----
entity PC12_2 is port (
        D : in std_logic_vector(11 downto 0);
        Q : inout std_logic_vector(11 downto 0);
        C1 : in std_logic;
        C2 : in std_logic;
        CLR : in std_logic;
        CLK : in std_logic);
end PC12_2;
---- Architecture Declaration ----
architecture PC_ARCH of PC12_2 is
begin
---- Process Statement ----
d1: process (CLK, CLR)
---- Variable Declaration ----
variable NULL_V : std_logic_vector(11 downto 0);
variable MAX_V : std_logic_vector(11 downto 0);
```

```
begin
---- Variable Assignments ----
      NULL_V := "000000000000";
      MAX_V := "111111111111"; -- MAX_V = 4095
--------

      if CLR = '1' then
      Q <= NULL_V;
      elsif (CLK = '1' and CLK'event) then
      if (C2 = '1' and C1 = '1') then
      Q <= D; -- Load
      elsif (C2 = '0' and C1 = '1') then
      Q <= Q + 1; -- Count
      end if;
      if Q > MAX_V then -- MAX_V
      Q <= NULL_V;
      end if;
      end if;
end process d1;
end PC_ARCH;
--------
```

4.6.3 VHDL-Code für den 12-Bit-Register-Stack(2)

Das folgende VHDL-Modell ist mit einer **process**-Anweisung nach der Behavioral-Methode erstellt. Beim Vergleich der Schaltung mit dem Registerstack(1) in Kap. 3.6.4 ergibt sich etwa der gleiche Schaltungsaufwand, die maximale Taktfrequenz ist jedoch bei der vorliegenden Schaltung doppelt so hoch, nämlich 678 MHz. Es wurde in beiden Fällen der gleiche FPGA eingesetzt. Hier sollen keine Optimierungen betrachtet werden, sondern nur auf die unterschiedlichen Eigenschaften der Schaltungen hingewiesen werden. Die Abb. 4.5 zeigt 1/4 der gesamten synthetisierten Schaltung.

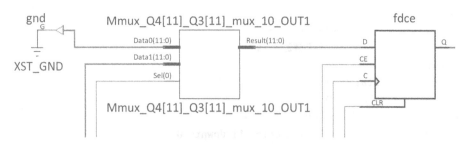

Abb. 4.5: Synthetisierte Schaltung des Register-Stack(2) (Auszug).

```
--------
-- Modul: STACK12_2.VHD
-- Speichertiefe: 4 Worte
--------
library ieee;
use ieee.std_logic_1164.all;
---- Entity Declaration ----
entity STACK12_2 is port (
        D : in std_logic_vector(11 downto 0);
        Q : out std_logic_vector(11 downto 0);
        CLK : in std_logic;
        CLR : in std_logic;
        SEL : in std_logic;
        CE : in std_logic);
end STACK12_2;
---- Architecture Declaration ----
architecture STACK12_ARCH of STACK12_2 is
--------
---- Signal Declaration ----
signal GND_L : std_logic_vector(11 downto 0);
signal Q1 : std_logic_vector(11 downto 0);
signal Q2 : std_logic_vector(11 downto 0);
signal Q3 : std_logic_vector(11 downto 0);
signal Q4 : std_logic_vector(11 downto 0);
begin
---- Signal Assignments ----
        GND_L <= "000000000000";
---- Process Statement ----
p1: process (CLR, CLK)
begin
        if CLR = '1' then
        Q <= GND_L;
        Q1 <= GND_L;
        Q2 <= GND_L;
        Q3 <= GND_L;
        Q4 <= GND_L;
        elsif (CLK'event and CLK = '1') then
        if (CE = '1' and SEL = '1') then
        Q <= D;
        Q1 <= D;
        Q2 <= Q1;
        Q3 <= Q2;
```

```
        Q4 <= Q3;
        elsif (CE = '1' and SEL = '0') then
        Q <= Q1;
        Q1 <= Q2;
        Q2 <= Q3;
        Q3 <= Q4;
        Q4 <= GND_L;
        elsif (CE = '0') then
        null;
        end if;
        end if;
end process p1;
end STACK12_ARCH;
--------
```

4.6.4 VHDL-Code für den 12-Bit-Tri-State-Treiber(2)

Die beiden VHDL-Modelle für die Tri-State-Treiber aus dem folgenden VHDL-Code und dem Code für den Tri-State-Treiber(1) aus Kap. 3.6.7 führen zum gleichen Schaltungsaufwand trotz sehr unterschiedlicher VHDL-Konstrukte. Auch die Verzögerungszeiten der kombinatorischen Schaltungen ergeben nur geringe Unterschiede. Im Fall (1) ergibt sich eine Verzögerung von 4.7 ns und im Fall (2) von 5.4 ns nach dem Synthese-Bericht.

```
--------
-- Modul: TBUF12_2.VHD
-- EN: aktiv high
--------
library ieee;
use ieee.std_logic_1164.all;
---- Entity Declaration ----
entity TBUF12_2 is port (
        D : in std_logic_vector(11 downto 0);
        Q : out std_logic_vector(11 downto 0);
        EN : in std_logic);
end TBUF12_2;
---- Architecture Declaration ----
architecture TBUF12_ARCH of TBUF12_2 is
--------
begin
        Q <= D
```

```
      when EN = '1' -- EN aktiv high
      else
      "ZZZZZZZZZZZZ"; -- 12-Bit-Tri-State
end TBUF12_ARCH;
--------
```

4.7 VHDL-Modell für die 12-Bit-Akkumulator-Einheit(2)

Die VHDL-Modelle des Universal-Registers UREG12_2 und der ALU-Einheit ALU12_2
werden nach der Behavioral-Methode erstellt, ansonsten bleibt die Strukturierung der
AKKU-Einheit erhalten. Die vorliegende Schaltung hat sich gegenüber der Schaltung
im Kap. 3.7 geändert und wurde entsprechend angepasst (siehe Abb. 4.6).

Ein Vergleich mit der AKKU-Einheit(1) führt zu dem Ergebnis, dass der Schaltungsaufwand bei den Register-Strukturen in der vorliegenden Schaltung stark reduziert wurde. Die maximale Taktfrequenz ist von 106 MHz bei der AKKU-Einheit(1) auf
251 MHz bei der jetzigen Schaltung gestiegen. Es ergeben sich durch die geänderten
VHDL-Strukturen somit große Unterschiede bei der Realisierung der Schaltung.

Den zugehörigen VHDL-Code für das Modul AKKU12_2.VHD der AKKU-Einheit(2)
zeigt das folgende Listing.

```
--------
-- Modul: AKKU12_2.VHD
--------
library ieee;
use ieee.std_logic_1164.all;
use ieee.std_logic_unsigned.all;
use ieee.numeric_std.all;
---- Entity Declaration ----
entity AKKU12_2 is port (
        B : in std_logic_vector(11 downto 0);
        Q : out std_logic_vector(11 downto 0);
        CIN : in std_logic;
        CLK : in std_logic;
        CLR : in std_logic;
        S : in std_logic_vector(2 downto 0);
        OP_C : out std_logic;
        OP_S : out std_logic;
        OP_Z : out std_logic);
end AKKU12_2;
---- Architecture Declaration ----
architecture AKKU_ARCH of AKKU12_2 is
```

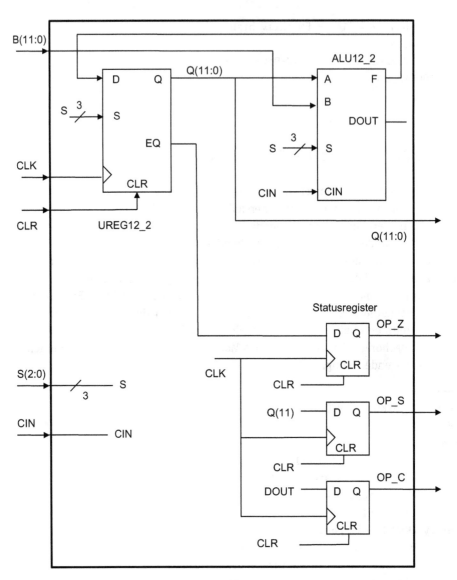

Abb. 4.6: Aufbau der 12-Bit-Akkumulator-Einheit(2).

```
---- Component Declaration ----
component ALU12_3 port ( -- 13-Bit-ALU
        A : in std_logic_vector(12 downto 0);
        B : in std_logic_vector(12 downto 0);
        F : out std_logic_vector(12 downto 0);
        CIN : in std_logic;
        S : in std_logic_vector(2 downto 0);
```

```vhdl
        DOUT : out std_logic);
end component;
--------
component UREG12_2 port ( -- 12-Bit-Universal-Register
        D : in std_logic_vector(11 downto 0);
        Q : inout std_logic_vector(11 downto 0);
        CLK : in std_logic;
        CLR : in std_logic;
        S : in std_logic_vector(2 downto 0);
        EQ : out std_logic);
end component;
--------
component FDC_A port ( -- D-Flip-Flop
        CLK : in std_logic;
        CLR : in std_logic;
        D : in std_logic;
        Q : out std_logic);
end component;
---- Signal Declaration ----
signal VC_L : std_logic;
signal DOUT : std_logic;
signal Z1 : std_logic;
signal A_Q : std_logic_vector(12 downto 0);
signal DIN : std_logic_vector(12 downto 0);
signal BIN : std_logic_vector(12 downto 0);
--------

begin
---- Signal Assignment ----
        Q <= A_Q(11 downto 0);
        BIN(11 downto 0) <= B;
        DIN(12) <= '0';
        BIN(12) <= '0';
        A_Q(12) <= '0';
        VC_L <= '1';
---- Component Instances ----
ALU12_1A : ALU12_3 port map( -- 13-Bit-ALU
        A => A_Q,
        B => BIN,
        F => DIN,
        CIN => CIN,
        S => S,
        DOUT => DOUT);
--------
```

```
UREG12_1A : UREG12_2 port map( -- 12-Bit-Universal-Register
        D => DIN(11 downto 0),
        Q => A_Q(11 downto 0),
        CLK => CLK,
        CLR => CLR,
        S => S,
        EQ => Z1); -- Zero-Flag
--------
FDC_S : FDC_A port map( -- Sign-Flag
        CLK => CLK,
        CLR => CLR,
        D => A_Q(11),
        Q => OP_S);
--------
FDC_Z : FDC_A port map( -- Zero-Flag
        CLK => CLK,
        CLR => CLR,
        D => Z1,
        Q => OP_Z);
--------
FDC_C : FDC_A port map( -- Carry-Out
        CLK => CLK,
        CLR => CLR,
        D => DOUT,
        Q => OP_C);
end AKKU_ARCH;
--------
```

4.7.1 VHDL-Code für die 13-Bit-ALU-Einheit(2)

Das vorliegende VHDL-Modell beschreibt die 13-Bit-ALU-Einheit nach der Behavioral-Methode. Für die Schaltung wird ein zusätzliches Bit für den Übertrag benötigt. Hier wird auf die arithmetische Bibliothek std_logic_arith.all für Addition und Subtraktion zugegriffen.

```
--------
-- Modul: ALU12_3.VHD
--------

library ieee;
use ieee.std_logic_1164.all;
use ieee.std_logic_arith.all;
```

```vhdl
use ieee.std_logic_unsigned.all;
---- Entity Declaration ----
entity ALU12_3 is port (
        A : in std_logic_vector(12 downto 0);
        B : in std_logic_vector(12 downto 0);
        F : out std_logic_vector(12 downto 0);
        CIN : in std_logic;
        S : in std_logic_vector(2 downto 0);
        DOUT : out std_logic);
end ALU12_3;
---- Architecture Declaration ----
architecture ALU12_ARCH of ALU12_3 is
begin
---- Process Statement ----
p1: process (S, A, B, CIN)
---- Variable Declaration ----
        variable FI :std_logic_vector(12 downto 0);
        variable AI :std_logic_vector(12 downto 0);
        variable BI :std_logic_vector(12 downto 0);
        variable CI : std_logic;
begin
        AI := A;
        BI := B;
        CI := CIN;
        FI(12):= '0';
---- Case Statement ----
                case S is
        when "000" =>
                FI := AI;
        when "001" =>
                FI := AI - BI - CI;
        when "010" =>
                FI := AI nand BI;
                FI(12) := '0';
        when "011" =>
                FI := AI + BI + CI;
        when "100" =>
                FI := AI;
        when "101" =>
                FI := BI;
        when "110" =>
                FI := AI;
```

```
        when "111" =>
                FI := AI;
        when others =>
                null;
                end case;
---- Signal Assignments ----
                F <= FI;
                DOUT <= FI(12);
end process p1;
end ALU12_ARCH;
--------
```

Die synthetisierte Schaltung in Abb. 4.7 zeigt einen Ausschnitt von vier 13-Bit-Multiplexern der ALU-Einheit. Es ist 1/4 der gesamten Schaltung gezeigt. Die 12-Bit-ALU wurde bereits in Kap. 3.7 erstellt. Hier wird wieder der Synthese-Bericht für eine einfache Schaltungsanalyse betrachtet. Es ergeben sich die Werte:
- 2x 13-Bit-ADDSUB
- 11x 13-Bit-Multiplexer 2:1

oder
- 52x Number of Slice LUTs (Look Up Table)

Die maximale Verzögerung der vorliegenden Schaltung beträgt 9.2 ns.

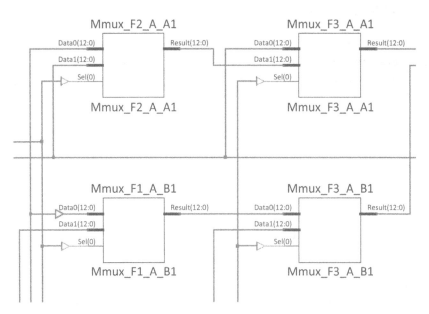

Abb. 4.7: Synthetisierte Schaltung der 13-Bit-ALU-Einheit (Auszug).

Beim Vergleich der beiden ALU-Einheiten(1) und (2) ergibt sich ein Unterschied in den Signallaufzeiten und im Schaltungsaufwand. Die maximale Verzögerung bei der ALU-Einheit(1) liegt bei 17.8 ns, d. h. der doppelten Zeit. Dafür ist der Schaltungsaufwand bei der ALU-Einheit(2) doppelt so hoch. Der Unterschied im Schaltungsaufwand lässt sich leicht an den verwendeten LUT-Strukturen erkennen.

4.7.2 VHDL-Code für das 12-Bit-Universal-Register(2)

Im Folgenden ist ein VHDL-Modell für das 12-Bit-Universal-Register nach der Behavioral-Methode erstellt. Abb. 4.8 zeigt die synthetisierte Schaltung. Im Vergleich zum Universal-Register(1) in Kap. 3 ergibt sich hier die doppelte Taktfrequenz von 649 MHz. Der Schaltungsaufwand beträgt:
- 1x 12-Bit-Register
- 3x 12-Bit-Multiplexer 2:1

oder
- 12x Number of Slice Register
- 15x Number of Slice LUTs (Look Up Table)

Bei der vorliegenden Schaltung hat sich der Schaltungsaufwand der Register-Strukturen (Slice Register) gegenüber dem Universal-Register(1) halbiert.

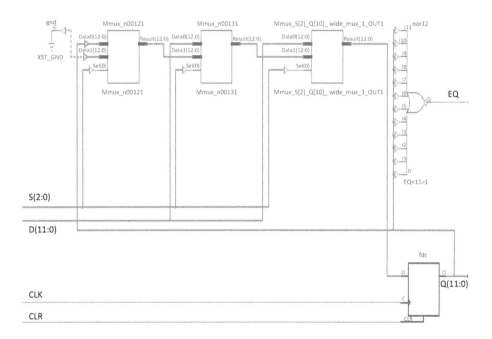

Abb. 4.8: Synthetisierte Schaltung des Universal-Registers(2).

```
--------
-- Modul: UREG12_2.VHD
--------

library ieee;
use ieee.std_logic_1164.all;
---- Entity Declaration ----
entity UREG12_2 is port (
        CLK : in std_logic;
        CLR : in std_logic;
        D : in std_logic_vector(11 downto 0);
        EQ : out std_logic;
        S : in std_logic_vector(2 downto 0);
        Q : inout std_logic_vector(11 downto 0));
end UREG12_2;
---- Architecture Declaration ----
architecture UREG_ARCH of UREG12_2 is
--------
---- Signal Declaration ----
        signal ZERO : std_logic_vector(11 downto 0);
begin
---- Signal Assignment ----
        ZERO <= "000000000000"; -- 12-Bit-Zero
---- Process1 Statement ----
p1: process (CLK, CLR)
begin
        if CLR = '1' then
                Q <= "000000000000"; -- 12-Bit-Zero
        elsif (CLK'event and CLK = '1') then
                case S is
        when "110" =>
                Q(10 downto 0) <= Q(11 downto 1); -- SHR
                Q(11) <= '0';
        when "111" =>
                Q(11 downto 1) <= Q(10 downto 0); -- SHL
                Q(0) <= '0';
        when others =>
                Q <= D; -- LOAD
                end case;
        end if;
end process p1;
--------
```

```
---- Process2 Statement ----
p2: process (Q)
begin
        if Q = ZERO then
        EQ <= '1';
        else
        EQ <= '0';
        end if;
end process p2;
end UREG_ARCH;
--------
```

5 Modellierung des Mikroprozessor-Systems(3)

Für das Mikroprozessor-System ergibt sich nur eine Änderung im Operationswerk. Alle anderen Komponenten im System bleiben unverändert. Im Folgenden wird daher nur auf das veränderte Operationswerk eingegangen.

5.1 VHDL-Modell für das 12-Bit-Operationswerk(3)

Für das Operationswerk werden alle Komponenten nach der Behavioral-Methode erstellt. Es ergibt sich im Wesentlichen eine Änderung in der AKKU-Einheit. Einige Bezeichnungen im Operationswerk(3) haben sich auch geändert, deshalb ist der VHDL-Code der Vollständigkeit halber mit angegeben. Die Ein- und Ausgangssignale sind gleich geblieben, d. h. es ist der gleiche Funktionsblock wie in Kap. 4.6.
   Die folgende Darstellung zeigt den VHDL-Code für das Operationswerk(3).

```
--------
-- Modul: OPW12_3.VHD
--------
library ieee;
use ieee.std_logic_1164.all;
use ieee.std_logic_unsigned.all;
use ieee.numeric_std.all;
---- Entity Declaration ----
entity OPW12_3 is port (
        MR_D : in std_logic_vector(11 downto 0);
        IPR_D : in std_logic_vector(11 downto 0);
        AR_Q : out std_logic_vector(11 downto 0);
        IR_Q : out std_logic_vector(4 downto 0);
        OPR_Q : out std_logic_vector(11 downto 0);
        SYSBUS: inout std_logic_vector(11 downto 0);
        A : in std_logic_vector(16 downto 0);
        CLK : in std_logic;
        CLR : in std_logic;
        OP_C : out std_logic;
        OP_S : out std_logic;
        OP_Z : out std_logic);
end OPW12_3;
---- Architecture Declaration ----
architecture OPW_ARCH of OPW12_3 is
---- Component Declaration ----
component PC12_2 port ( -- 12-Bit-Program Counter
```

https://doi.org/10.1515/9783110583069-005

```vhdl
        Q : inout std_logic_vector(11 downto 0);
        D : in std_logic_vector(11 downto 0);
        CLK : in std_logic;
        C1 : in std_logic;
        C2 : in std_logic;
        CLR : in std_logic);
end component;
--------
component MUX2 port ( -- MUX 2:1
        MUX_OUT : out std_logic_vector(11 downto 0);
        A : in std_logic_vector(11 downto 0);
        B : in std_logic_vector(11 downto 0);
        SEL : in std_logic);
end component;
--------
component AKKU12_3 port ( -- AKKU-Einheit(3)
        B : in std_logic_vector(11 downto 0);
        Q : out std_logic_vector(11 downto 0);
        CIN : in std_logic;
        CLK : in std_logic;
        CLR : in std_logic;
        S : in std_logic_vector(2 downto 0);
        OP_C : out std_logic;
        OP_S : out std_logic;
        OP_Z : out std_logic);
end component;
--------
component STACK12_2 port ( -- 12-Bit-Register-Stack
        D : in std_logic_vector(11 downto 0);
        Q : out std_logic_vector(11 downto 0);
        CLK : in std_logic;
        CLR : in std_logic;
        SEL : in std_logic;
        CE : in std_logic);
end component;
--------
component REG12_A port ( -- 12-Bit-Register
        D : in std_logic_vector(11 downto 0);
        Q : out std_logic_vector(11 downto 0);
        CE : in std_logic;
        CLK : in std_logic;
        CLR : in std_logic);
```

```vhdl
end component;
--------
component TBUF12_2 port ( -- 12-Bit-Tri-State-Buffer
        D : in std_logic_vector(11 downto 0);
        Q : out std_logic_vector(11 downto 0);
        EN : in std_logic); -- EN aktiv high
end component;
--------
component OR4_A port ( -- OR4-Glied
        I0 : in std_logic;
        I1 : in std_logic;
        I2 : in std_logic;
        I3 : in std_logic;
        O : out std_logic);
end component;
--------
component MUX4 port ( -- MUX 4:1
        SEL : in std_logic_vector(1 downto 0);
        MUX_OUT : out std_logic_vector(11 downto 0);
        A : in std_logic_vector(11 downto 0);
        B : in std_logic_vector(11 downto 0);
        C : in std_logic_vector(11 downto 0);
        D : in std_logic_vector(11 downto 0));
end component;
--------
component REG5_2 port ( -- 5-Bit-Register
        D : in std_logic_vector(4 downto 0);
        Q : out std_logic_vector(4 downto 0);
        CE : in std_logic;
        CLK : in std_logic;
        CLR : in std_logic);
end component;
---- Signal Declaration ----
signal IN_TB : std_logic;
signal GND_L : std_logic;
signal GND5V : std_logic_vector(4 downto 0);
signal MUX_OUT : std_logic_vector(11 downto 0);
signal ST_Q : std_logic_vector(11 downto 0);
signal PC_Q : std_logic_vector(11 downto 0);
signal A_Q : std_logic_vector(11 downto 0);
signal MR_Q : std_logic_vector(11 downto 0);
signal IPR_Q : std_logic_vector(11 downto 0);
```

```vhdl
signal AR : std_logic_vector(11 downto 0);
signal MUX1_T : std_logic_vector(11 downto 0);
--------

begin
---- Signal Assignments ----
      GND_L <= '0';
      GND5V <= "00000";
---- Component Instances ----
PC_2A : PC12_2 port map( -- 12-Bit-Program Counter
      Q => PC_Q,
      D => MUX_OUT,
      CLK => CLK,
      C1 => A(2),
      C2 => A(1),
      CLR => CLR);
--------

MUX2_2A : MUX2 port map( -- MUX 2:1
      MUX_OUT => AR,
      A => SYSBUS,
      B => PC_Q,
      SEL => A(5));
--------

AKKU12_3A : AKKU12_3 port map( -- AKKU-Einheit(3)
      B => SYSBUS, -- AKKU In
      Q => A_Q, -- AKKU Out
      CIN => GND_L,
      CLK => CLK,
      CLR => CLR,
      S => A(16 downto 14), -- Ansteuervektor
      OP_C => OP_C,
      OP_S => OP_S,
      OP_Z => OP_Z);
--------

STACK12_2A : STACK12_2 port map( -- 12-Bit-Register-Stack
      D => PC_Q,
      Q => ST_Q,
      CLK => CLK,
      CLR => CLR,
      SEL => A(4),
      CE => A(3));
--------

MUX2_2A : MUX2 port map( -- MUX 2:1
```

```
        MUX_OUT => MUX_OUT,
        A => SYSBUS,
        B => ST_Q,
        SEL => A(0));
--------
REG12_1A : REG12_A port map( -- Address-Register
        D => AR,
        Q => AR_Q,
        CE => A(6),
        CLK => CLK,
        CLR => CLR);
--------
TB12_2A : TBUF12_2 port map( -- 12-Bit-Tri-State-Buffer
        D => MUX1_T,
        Q => SYSBUS,
        EN => IN_TB); -- aktiv high
--------
OR4_1 : OR4_A port map(
        I0 => A(11),
        I1 => A(8),
        I2 => A(9),
        I3 => A(13),
        O => IN_TB);
--------
MUX4_1A : MUX4 port map( -- MUX 4:1
        SEL(1) => A(9),
        SEL(0) => A(8),
        MUX_OUT => MUX1_T,
        A => IPR_Q,
        B => A_Q, -- AKKU Out
        C(11 downto 7) => GND5V(4 downto 0), -- 5-Bit GND
        C(6 downto 0) => MR_Q(6 downto 0), -- 7-Bit ADR
        D => MR_Q); -- Memory-Register Out
--------
REG12_2 : REG12_A port map( -- Input-Register IPR
        D => IPR_D,
        Q => IPR_Q,
        CE => A(11),
        CLK => CLK,
        CLR => CLR);
--------
REG12_3 : REG12_A port map( -- Memory-Register MR
```

```
        D => MR_D,
        Q => MR_Q,
        CE => A(7),
        CLK => CLK,
        CLR => CLR);
--------
REG12_4 : REG12_A port map( -- Output-Register OPR
        D => SYSBUS,
        Q => OPR_Q,
        CE => A(10),
        CLK => CLK,
        CLR => CLR);
--------
REG5_1A : REG5_2 port map( -- Instruction-Register IR
        D(4 downto 0) => MR_Q(11 downto 7),
        Q => IR_Q,
        CE => A(12),
        CLK => CLK,
        CLR => CLR);
end OPW_ARCH;
--------
```

5.2 VHDL-Modell für die 12-Bit-Akkumulator-Einheit(3)

Der vorliegende Fall zeigt den VHDL-Code für die 12-Bit-AKKU-Einheit(3). Für das Modell wurden nur **process**-Anweisungen verwendet. Sie verhalten sich jedoch wie die Komponenten beim strukturierten Entwurf. Sowohl die **process**-Anweisungen als auch die Komponenten (Component Instances) werden beim VHDL-Code parallel abgearbeitet.

```
--------
-- Modul: AKKU12_3.VHD
--------
library ieee;
use ieee.std_logic_1164.all;
use ieee.std_logic_unsigned.all;
use ieee.numeric_std.all;
---- Entity Declaration ----
entity AKKU12_3 is port (
        B : in std_logic_vector(11 downto 0);
        Q : inout std_logic_vector(11 downto 0);
```

```vhdl
        CIN : in std_logic;
        CLK : in std_logic;
        CLR : in std_logic;
        S : in std_logic_vector(2 downto 0);
        OP_C : out std_logic;
        OP_S : out std_logic;
        OP_Z : out std_logic);
end AKKU12_3;
---- Architecture Declaration ----
architecture AKKU_ARCH of AKKU12_3 is
--------
---- Signal Declaration ----
signal VC_L : std_logic;
signal DOUT : std_logic;
signal F : std_logic_vector(12 downto 0);
signal D : std_logic_vector(11 downto 0);
signal A_Q : std_logic_vector(12 downto 0);
signal DIN : std_logic_vector(12 downto 0);
signal BIN : std_logic_vector(12 downto 0);
signal ZERO : std_logic_vector(11 downto 0);
begin
---- Signal Assignments ----
        A_Q(11 downto 0) <= Q;
        BIN(11 downto 0) <= B;
        DIN(12) <= '0';
        BIN(12) <= '0';
        A_Q(12) <= '0';
        VC_L <= '1';
        D <= DIN(11 downto 0);
        DIN <= F;
        ZERO <= "000000000000"; -- 12-Bit-Zero
--------
---- Process1 Statement ----
p1: process (CLK, CLR, S, A_Q, D)
begin
---- Signal Assignments ----
        Q <= A_Q(11 downto 0);
--------
        if CLR = '1' then
                Q <= "000000000000"; -- 12-Bit-Zero
        elsif (CLK'event and CLK = '1') then
                case S is
```

```vhdl
        when "110" =>
                Q(10 downto 0) <= Q(11 downto 1);  -- SHR
                Q(11) <= '0';
        when "111" =>
                Q(11 downto 1) <= Q(10 downto 0);  -- SHL
                Q(0) <= '0';
        when others =>
                Q <= D;  -- LOAD
                end case;
        end if;
end process p1;
--------
---- Process2 Statement ----
p2: process (CLK, CLR, ZERO)
begin
        if CLR = '1' then
                OP_Z <= '0';
        elsif (CLK'event and CLK = '1') then
                if Q = ZERO then
                OP_Z <= '1';
                else
                OP_Z <= '0';
                end if;
        end if;
end process p2;
--------
---- Process3 Statement ----
p3: process (CLK, CLR, Q(11))
begin
        if CLR = '1' then
                OP_S <= '0';
        elsif (CLK'event and CLK = '1') then
                OP_S <= Q(11);
        end if;
end process p3;
--------
---- Process4 Statement ----
p4: process (CLK, CLR, DOUT)
begin
        if CLR = '1' then
                OP_C <= '0';
        elsif (CLK'event and CLK = '1') then
```

```
                OP_C <= DOUT;
        end if;
end process p4;
--------
---- Process5 Statement ----
p5: process (A_Q, BIN, S)
--------
---- Variable Declaration ----
        variable FI : std_logic_vector(12 downto 0);
        variable AI : std_logic_vector(12 downto 0);
        variable BI : std_logic_vector(12 downto 0);
        variable CI : std_logic;
begin
        AI := A_Q;
        BI := BIN;
        CI := CIN;
        FI(12):= '0';
---- Case Statement ----
        case S is
        when "000" =>
                FI := AI;
        when "001" =>
                FI := AI - BI - CI;
        when "010" =>
                FI := AI nand BI;
                FI(12) := '0';
        when "011" =>
                FI := AI + BI + CI;
        when "100" =>
                FI := AI;
        when "101" =>
                FI := BI;
        when "110" =>
                FI := AI;
        when "111" =>
                FI := AI;
        when others =>
                null;
        end case;
---- Signal Assignments ----
        F <= FI;
        DOUT <= FI(12);
```

```
end process p5;
end AKKU_ARCH;
--------
```

Beim Vergleich der AKKU-Einheit(2) mit der AKKU-Einheit(3) zeigen sich weder im Schaltungsaufwand noch bei den Signallaufzeiten Unterschiede. Das war zu erwarten, da die verwendeten **process**-Anweisungen im Fall3 wie die Komponenten-Anweisungen im Fall2 abgearbeitet werden.

6 Vergleich der Mikroprozessor-Systeme

Dieses Kapitel zeigt eine Zusammenfassung der Synthese-Ergebnisse für die verschiedenen VHDL-Entwürfe. Es sollen alle drei Entwürfe verglichen werden. Für alle Entwürfe wurde der FPGA-Baustein Spartan6 XC6SLX9 von Xilinx verwendet. Es wurden bei den Synthese-Berichten nur die Register- und LUT(Look Up Table)-Strukturen berücksichtigt, was einen groben Vergleich der VHDL-Modelle erlaubt. Für eine Optimierung muss eine Auswahl bezüglich FPGA-Baustein, Taktfrequenz und Chipfläche getroffen werden. Im Folgenden sind die Synthese-Ergebnisse zusammengefasst. Bei den Ergebnissen für die Mikroprozessor-Systeme wurden der Mikroprozessor mit dem RAM-Speicher und dem Frequenzteiler erfasst.

Die angegebenen Werte geben die Ergebnisse nach der Synthese an, d. h. der verwendete VHDL-Code ist synthetisierbar und kann in Logikbausteine umgesetzt werden.

1. Entwurf: Mikroprozessor(1) MPU12_1
Number of Slice Register: 192
Number of Slice LUTs: 265
Maximale Taktfrequenz: 111 MHz
– – – – – – – – – – – – – – – – –
Operationswerk(1)
Number of Slice Register: 157
Number of Slice LUTs: 160
Maximale Taktfrequenz: 120 MHz
– – – – – – – – – – – – – –
Steuerwerk(1)
Number of Slice Register: 7
Number of Slice LUTs: 50
Maximale Taktfrequenz: 408 MHz
– – – – – – – – – – – – – – – – –
Die maximale Taktfrequenz für das Mikroprozessor-System beträgt 98 MHz.

2. Entwurf: Mikroprozessor(2) MPU12_2
Number of Slice Register: 155
Number of Slice LUTs: 223
Maximale Taktfrequenz: 216 MHz
– – – – – – – – – – – – – – – –
Operationswerk(2)
Number of Slice Register: 109
Number of Slice LUTs: 152
Maximale Taktfrequenz: 250 MHz
– – – – – – – – – – – – – – – –

https://doi.org/10.1515/9783110583069-006

Steuerwerk(2)
Number of Slice Register: 7
Number of Slice LUTs: 40
Maximale Taktfrequenz: 554 MHz

Die maximale Taktfrequenz für das Mikroprozessor-System beträgt 161 MHz.

3. Entwurf: Mikroprozessor(3) MPU12_3

Number of Slice Register: 154
Number of Slice LUTs: 209
Maximale Taktfrequenz: 216 MHz

Operationswerk(3)
Number of Slice Register: 109
Number of Slice LUTs: 152
Maximale Taktfrequenz: 250 MHz

Steuerwerk(3)
Bei dem Entwurf wurde das Steuerwerk und der RAM-Speicher nicht verändert.
Die maximale Taktfrequenz für das Mikroprozessor-System beträgt ebenfalls 161 MHz.

Nach den Synthese-Berichten kann der Mikroprozessor(2) mit der doppelten Frequenz (216 MHz) gegenüber Mikroprozessor(1) getaktet werden. Der Schaltungsaufwand ist im Fall(1) sowohl bei den Register- als auch bei den LUT-Strukturen etwa 20 % grösser. Für den Entwurf(3) ergeben sich geringe Unterschiede bei den LUT-Strukturen, d. h. ein etwas geringerer Schaltungsaufwand gegenüber Entwurf(2). Die Unterschiede in den Mikroprozessoren(1) und (2) liegen im Wesentlichen an den unterschiedlichen VHDL-Modellen der Operationswerke.

Die Modelle(2) und (3) der OPWs können mit der doppelten Frequenz getaktet werden gegenüber Modell(1). Bei den Steuerwerken(1) und (2) wurde nur die Codierung für die Automatenzustände geändert. Beim Steuerwerk(1) wurde ein Binärcode verwendet, bei Steuerwerk(2) ein (1-aus-n)-Code. Die Änderung hat eine Erhöhung der Taktfrequenz um 146 MHz beim Steuerwerk(2) ergeben.

Die Synthese-Berichte sollten zeigen, dass die VHDL-Struktur der Modelle in die Hardware-Realisierung eingeht und bei der Modellierung beachtet werden muss. Bei den vorliegenden Vergleichen der VHDL-Modelle spielt die maximale Taktfrequenz eine wichtige Rolle. Die genutzten Hardware-Resourcen im FPGA-Baustein werden dagegen selten ausgeschöpft. Die Chipauswahl wird oft durch die notwendigen Ein- und Ausgangspins bestimmt. Der verwendete FPGA-Baustein wurde bei den erstellten VHDL-Modellen nur zu einem geringen Teil ausgenutzt. Für den Einsatz als Prototyp für den 12-Bit-Mikroprozessor würde man daher einen kleineren Chip auswählen [19].

7 Testen der 12-Bit-Mikroprozessor-Systeme

Die Mikroprozessor-Systeme sollen nach der Simulations-Methode und mit dem Demo-Board getestet werden. Für die Tests werden folgende Methoden verwendet:
- Funktionale Simulation
- Timing Simulation
- Hardware-Test (Demo-Board)

Die Simulationen können mit Hilfe einer Testbench durchgeführt werden. Testbenches können mit VHDL-Code erstellt und in die Testumgebung integriert werden. Testbenches werden oft in Verbindung mit Stimulidateien verwendet. Die Testbedingungen können auch direkt in die Testbench eingegeben werden.

Die Simulationsdaten können als zeitabhängige Logikpegel dargestellt werden, die auch als „wave-Form"-Darstellung bezeichnet wird. Es müssen die Komponenten für den gesamten Mikroprozessorentwurf simuliert werden. Zu diesem Zweck werden Testprogramme erstellt, mit deren Hilfe die Funktionsfähigkeit des Prozessors überprüft wird.

Für Hardware-Tests werden i. a. Experimentier-Boards (Demo-Boards) eingesetzt. Diese Tests sind für die Praxis sehr wichtig, da sie unter realen Bedingungen durchgeführt werden.

7.1 Simulation mit Hilfe einer Testbench

Die Abb. 7.1 zeigt die Struktur einer Testbench. Sie besteht aus den den Bereichen:
- Erzeugung der Testvektoren (Stimuligenerator)
- Schaltung die getestet werden soll (Unit Under Test: UUT)
- Auswertung der Ergebnisse

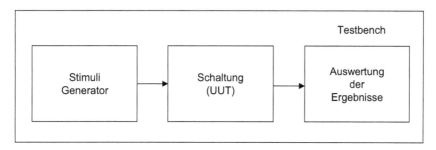

Abb. 7.1: Struktur einer Testbench.

https://doi.org/10.1515/9783110583069-007

Das VHDL-Modell einer Testbench ist eine Kombination aus einer Verhaltens- und einer Strukturbeschreibung. Der Programmaufbau ist im Folgenden dargestellt:

```
--------
library ieee;
use ieee.std_logic_1164.all;
use ieee.std_logic_unsigned.all;
---- Entity Declaration ----
entity TESTBENCH is
---- eine Testbench hat keine Ports ----
end TESTBENCH;
---- Architecture Declaration ----
architecture TESTBENCH_ARCH of TESTBENCH is
--------
---- Component Declaration (UUT) ----
component comp_name
port (...);
...;
end component;
---- Signal Declaration ----
begin
---- Signal Assignments ----
---- Component Instances (UUT) ----
UUT: comp_name port map (
        sig1 => ,
        sig2 => ,
        ...,
        sign => );
---- Process Stimuli-Generator ----
stimuli_gen : process (CLK, CLR,...)
begin
---- Clock- und Reset-Bedingungen angeben ----
end process stimuli_gen;
---- Process Testlauf ----
testlauf : process
begin
---- Bedingungen für den Testlauf angeben ----
wait;
---- Ende des Testlaufs ----
end process testlauf;
--------
```

```
---- Concurrent Signal Assignments ----
---- Process Response Checker ----
checker : process (sig1, sig2,...)
begin
---- Abfrage Ergebnisse ----
      assert condition
      [report message_string]
      [severity severity_level];
end process checker;
end TESTBENCH_ARCH;
--------
```

Eine Testbench ist ein ganz normales VHDL-Programm mit der Ausnahme, dass es keine **port**-Anweisungen gibt. Sie stellt eine nach außen abgeschlossene Testumgebung dar. Die Testbench kann eine oder mehrere **component**-Anweisungen enthalten. Die Testbedingungen sowie die Clock- und Reset-Bedingungen werden in Form einer Verhaltensbeschreibung realisiert. Diese Testbedingungen können als **process**-Anweisungen wie in obigem Beispiel, oder in Form von **concurrent**-Statements geschrieben werden. Für die Analyse und Auswertung der Ergebnisse kann die **assert**-Anweisung eingesetzt werden. Es werden Ergebnisse verglichen und die Ergebnisse des Vergleichs können als Meldung (**report**) oder als **severity**-Anweisung ausgegeben werden. Die **severity**-Anweisung hat als vordefinierten Aufzählungstyp im package std die Elemente: note, warning, error, failure.

Die Daten können auch in eine sog. Stimulidatei eingegeben werden. Diese Dateien können dann gemeinsam mit einer Testbench bei der Simulation verwendet werden. Einige digitale Simulatoren bieten auch das automatische Generieren von Testbenches an. In dem Fall müssen die Testbenches an die Testbedingungen angepasst werden.

7.2 Testen des Mikroprozessor-Systems(1)

Die Testprogramme werden als Maschinenprogramme in hexadezimaler oder binärer Form erstellt und vom Prozessor abgearbeitet. Im RAM müssen die Daten in binärer Form gespeichert sein. Für das Laden des RAMs mit dem Maschinencode gibt es unter anderem folgende Möglichkeiten:
- Daten in den VHDL-Code des RAMs einsetzen
- Einlesen der Daten aus einer externen Datei

Hier wird die erste Form gewählt. Das folgende Listing in Tab. 7.1 zeigt ein Beispiel für den VHDL-Code des RAMs mit der Initialisierung für ein Testprogramm. Das Test-

Tab. 7.1: Testprogramm ER170.

ADR	Opcode	Mnemonic/Daten	Bedeutung
0		200	ADR 00: 200
01		300	ADR 01: 300
02		000	ADR 02: 000
03		000	ADR 03: 000
04		120	ADR 04: 120
05		050	ADR 05: 050
06		000	ADR 06: 000
@30			Startadresse
30	F00	LO 00	LOAD A, 00
31	C01	AD 01	ADD A, 01
32	102	ST 02	STORE 02, A
33	002	OU 02	OUTPUT O, 02
34	438	JZ 38	JUMP Z, 38
35	D02	SU 02	SUB A, 02
36	455	JZ 55	JUMP Z, 55
37	300	SP	STOP, Fehler1
38	300	SP	STOP, Fehler2
@55			Sprungadresse
55	F04	LO 04	LOAD A, 04
56	C05	AD 05	ADD A, 05
57	106	ST 06	STORE 06, A
58	006	OU 06	OUTPUT O, 06
59	300	SP	STOP, Programmende

programm (ER170) ist sehr einfach gehalten mit nur 14 Befehlen, darunter Additions-, Subtraktions-, Speicher- und Sprungbefehle.

In der ersten Spalte ist die Adressierung in Hex-Format eingetragen. Mit dem Symbol @ können die Startadressen eingegeben werden. In der zweiten Spalte steht der Opcode des jeweiligen Befehls und bei Adressbefehlen auch die zugehörige Adresse. Der Adressbereich ist bei dem Testprogramm auf 7- bzw. 10-Bit reduziert. Das hat den Vorteil, dass die Datenfiles mit dem verwendeten IP-Core-Generator und der ISE Entwicklungssoftware ohne große Wartezeiten erstellt werden konnten. Die Adressierung ist jedoch für 12-Bit ausgelegt. In der dritten Spalte ist das Kürzel (Mnemonic) für den jeweiligen Befehl eingetragen. In der letzten Spalte sind die Bemerkungen zu den Operationen angegeben. Für das angegebene Testprogramm wurden die funktionale und die Timing Simulation durchgeführt. Die Timing Simulation kann nur durchgeführt werden, wenn vorher für das VHDL-Modell das Synthese-Tool und die „Verdrahtung", d. h. das PAR-Tool („Place-and-Route") angewendet wurden.

7.2.1 VHDL-Code für das 12-Bit-RAM mit Initialisierung

Der RAM-Speicher besteht aus dem Datentyp **array** mit der Adressierung von 0 bis 127 und der Datenbreite von 12 Bit. Der Adressierungsbereich von 7 Bit ist für die einfachen Testprogramme ausreichend. Beim VHDL-Code ist noch zu beachten, dass die Adressierung für den Opcode in hexadezimaler Form, die Nummerierung des Datentyps **array** aber in dezimaler Form angegeben ist (127 downto 0). Der Programmaufbau für das RAM ist der gleiche wie bereits in Kap. 3 bei den RAM-Modellen erläutert. Der RAM-Speicher ist aufgeteilt in einen Datenbereich und Source-Code-Bereich:

- Datenbereich: 0 bis 47 DEZ / 0 bis 2F Hex
- Sourcecode-Bereich: 48 bis 127 DEZ / 30 bis 7F Hex

Der Sourcecode für das Testprogramm ER170 ist als Maschinenprogramm in binärer und hexadezimaler Form angegeben sowie als Kürzel (Mnemonic).

```
--------
-- Modul RAM12_1.VHD
--------
library ieee;
use ieee.std_logic_1164.all
use ieee.std_logic_arith.all;
use ieee.std_logic_unsigned.all;
---- Entity Declaration ----
entity RAM12_1 is port (
        ADR : in std_logic_vector(6 downto 0);
        DO : out std_logic_vector(11 downto 0);
        DI : in std_logic_vector(11 downto 0);
        LOAD : in std_logic;
        WE : in std_logic;
        CLK : in std_logic);
end RAM12_1;
---- Architecture Declaration ----
architecture RAM_ARCH of RAM12_1 is
--------
type MEM_DATA is array (127 downto 0) of std_logic_vector(11 downto 0);
--------
begin
---- Process Statement ----
        process (LOAD, ADR, CLK, DI)
        variable VD: MEM_DATA;
        begin
        if LOAD = '1' then
```

```
---- Testprogramm: ER170 ----
---- Daten-Bereich : 0 bis 47 DEZ (0 bis 2FH) ----
       VD(0) := "001000000000"; -- 200
       VD(1) := "001100000000"; -- 300
       VD(2) := "000000000000"; -- 000
       VD(3) := "000000000000"; -- 000
       VD(4) := "000100100000"; -- 120
       VD(5) := "000001010000"; -- 050
       VD(6) := "000000000000"; -- 000
---- Sourcecode-Bereich : 48 bis 127 (30 bis 7FH) ----
       VD(48) := "111100000000"; -- F00 LOAD A, 00
       VD(49) := "110000000001"; -- C01 ADD A, 01
       VD(50) := "000100000010"; -- 102 STORE 02, A
       VD(51) := "000000000010"; -- 002 OUTPUT O, 02
       VD(52) := "010000111000"; -- 438 JUMP Z, 38
       VD(53) := "110100000010"; -- D02 SUB A, 02
       VD(54) := "010001010101"; -- 455 JUMP Z, 55
       VD(55) := "001100000000"; -- 300 STOP
       VD(56) := "001100000000"; -- 300 STOP
       VD(85) := "111100000100"; -- F04 LOAD A, 04
       VD(86) := "110000000101"; -- C05 ADD A, 05
       VD(87) := "000100000110"; -- 106 STORE 06, A
       VD(88) := "000000000110"; -- 006 OUTPUT O, 06
       VD(89) := "001100000000"; -- 300 STOP
--------

       else
       if (CLK'event and CLK = '1') then
       if WE = '1' then
       VD (conv_integer(ADR)) := DI; -- ins RAM Schreiben
       end if;
       end if;
       end if;
       DO <= VD (conv_integer(ADR)); -- aus RAM lesen
       end process;
end RAM_ARCH;
--------
```

7.2.2 Testbench: Funktionale Simulation des Systems MPU12_S1

Wie schon erwähnt, können Testbenches mit dem VHDL-Editor erstellt werden. Sie können aber auch von der Entwicklungs-Software generiert werden. Werden die Testbenches generiert, so können sie anschliessend editiert und an die Testbedingungen angepasst werden.

Werden die Testbenches manuell erstellt, so müssen die Anweisungen für die **architecture** beachtet werden.

Für die Funktionale Simulation wird folgende Anweisung in der Testbench vorgenommen:

```
--------
for UUT: MPU12_S1 use entity WORK.MPU12_S1 (MPU12_ARCH);
--------
```

Dabei ist WORK die default-Bibliothek, MPU12_S1 der **entity**-Name des zu testenden Designs und MPU12_ARCH der **architecture**-Name.

Für die Timing Simulation ist folgender Eintrag in der Testbench notwendig:

```
--------
for UUT: MPU12_S1 use entity WORK.MPU12_S1 (STRUCTURE);
--------
```

Es wird nur eine Änderung in der Beschreibung der **architecture** mit der Bezeichnung STRUCTURE vorgenommen. Die nicht benötigte Konfigurationsanweisung kann im Editor einfach als Kommentar gekennzeichnet werden. Die VHDL-Netzliste mit der **architecture** STRUCTURE kann erst nach dem „Place-and-Route" erstellt werden. Die Netzliste enthält alle Verzögerungen für die verwendeten logischen Bauteile und die Verbindungsleitungen.

Für die Simulationsdauer ist in der Testbench keine Begrenzung angegeben, d. h. es muss eine konstante Simulationszeit vorgegeben werden. Die Simulationszeit sowie weitere Parameter z. B. für die „wave-Form"-Darstellung können auch in einer Stimulidatei festgelegt werden.

Für die Funktionale Simulation können beliebige Taktfrequenzen für die Testbench gewählt werden. Die Zeiten für die Ein- und Ausgabe (IPV, OPREC) müssen an die Testbench angepasst werden. Bei der Timing Simulation müssen dagegen die maximal zulässigen Taktfrequenzen des Mikroprozessors beachtet werden.

Die Taktfrequenz für den Mikroprozessor ist mit 100 MHz gewählt. Für die folgende Testbench ist daher eine Taktfrequenz für das Mikroprozessor-System von 200 MHz erforderlich (siehe dazu auch das Blockschaltbild des Mikroprozessor-Systems der Abb. 3.1 in Kap. 3).

Die Testbench für das Mikroprozessor-System MPU12_S1 ist mit Hilfe des VHDL-Editors erstellt und im Folgenden aufgelistet.

Testbench für das Testprogramm ER170:

```vhdl
--------
-- Modul MPU12_TB1.VHD
--------
library ieee;
use ieee.std_logic_1164.all;
use ieee.std_logic_unsigned.all;
use ieee.numeric_std.all;
---- Entity Declaration ----
entity MPU12_TB1 is -- entity ohne port Signale
end MPU12_TB1;
--------
architecture MPU_TB_ARCH of MPU12_TB1 is
---- Unit Under Test (UUT) ----
component MPU12_S1 port ( -- Mikroprozessor-System(1)
        IPR_D : in std_logic_vector(11 downto 0);
        CLK : in std_logic;
        CLR : in std_logic;
        IPV : in std_logic;
        START : in std_logic;
        LOAD : in std_logic;
        OPREC : in std_logic;
        OPR_Q : out std_logic_vector(11 downto 0);
        IPREQ : out std_logic;
        OPV : out std_logic);
end component;
--------
---- Configuration for Functional Simulation ----
for uut: MPU12_S1 use entity WORK.MPU12_S1(MPU12_ARCH);
--------
---- Signal Declaration ----
        signal CLK : std_logic;
        signal CLR : std_logic;
        signal IPV : std_logic;
        signal START : std_logic;
        signal LOAD : std_logic;
        signal OPREC : std_logic;
        signal IPR_D : std_logic_vector(11 downto 0);
        signal OPR_Q : std_logic_vector(11 downto 0);
        signal IPREQ : std_logic;
        signal OPV : std_logic;
```

```
---- Clock Period Definition ----
constant CLK_period : time := 5 ns; -- Taktfrequenz 200 MHz
begin
---- Component Instances (UUT) ----
UUT: MPU12_S1 port map (
        OPR_Q => OPR_Q,
        IPR_D => IPR_D,
        CLK => CLK, -- 200 MHz für das Mikroprozessor-System
        CLR => CLR,
        IPV => IPV,
        START => START,
        LOAD => LOAD,
        OPREC => OPREC,
        IPREQ => IPREQ,
        OPV => OPV);
---- Anfangsbedingung ----
CLR_IN: process
        begin
        IPV <= '0';
        CLR <= '1';
        wait for 20 ns;
        CLR <= '0';
        wait for 3 ns;
        IPR_D <= "000000110000"; -- Startadresse 30h
        wait; -- wait for ever
end process CLR_IN;
---- Initialisierung des RAM12_1 ----
RAM_LOAD: process
        begin
        LOAD <= '0';
        wait for 30 ns;
        LOAD <= '1'; -- Laden des Testprogramms ER170
        wait for 60 ns;
        LOAD <= '0';
        wait; -- wait for ever
end process RAM_LOAD;
---- Clockgenerator ----
CLK_IN: process
begin
        CLK <= '0';
        wait for CLK_period/2;
        CLK <= '1';
```

```vhdl
        wait for CLK_period/2;
end process CLK_IN;
---- Start Program ----
START_IN: process
      begin
      START <= '0';
      wait for 160 ns;
      START <= '1';
      wait for 100 ns;
      START <= '0';
      wait; -- wait for ever
end process START_IN;
---- Output-Register OPR ----
OUT_IN: process
      begin
      OPREC <= '0';
      wait for 400 ns;
      OPREC <= '1';
      wait for 60 ns;
      OPREC <= '0';
      wait for 350 ns;
      OPREC <= '1';
      wait for 60 ns;
      OPREC <= '0';
      wait; -- wait for ever
      end process OUT_IN;
end MPU_TB_ARCH;
--------
```

7.2.3 Testbench: Timing Simulation des Systems MPU12_S1

Es wird das Testprogramm ER170 aus der Funktionalen Simulation mit dem Speicher RAM12_1 verwendet. Die folgende Testbench ist von der ISE Design Software (ISE Design Suite 14.7 von Xilinx) generiert und an das Testprogramm angepasst. Bei der Timing Simulation können bei der verwendeten Entwicklungs-Software verschiedene Simulationsstufen gewählt werden:

Behavioral   : Functional Simulation
Post-Translate : nach der Synthese
Post-Map   : nach der Zuordnung der Komponenten im FPGA
Post-Route   : nach dem Place-and-Route (PAR)

Für die Synthetisierbarkeit des VHDL-Modells ist es notwendig, dass die Post-Translate Simulation funktioniert.

Der folgende VHDL-Code zeigt das Listing für die generierte Testbench der Timing Simulation. Nach dem Synthesebericht (Kap. 6) wäre eine maximale Taktfrequenz von 98 MHz für das Mikroprozessor-System erlaubt. Für die Simulation wurde eine Taktfrequenz von 100 MHz für den Mikroprozessor zusammen mit dem RAM gewählt. Für die Eingangsfrequenz des Frequenzteilers ist daher eine Taktfrequenz von 200 MHz erforderlich. Die Timing Simulation ist mit diesen Werten fehlerfrei gelaufen.

```vhdl
-- VHDL Test Bench Created by ISE for module: MPU12_S1
-- Notes:
-- This testbench has been automatically generated using types std_logic
-- and std_logic_vector for the ports of the unit under test. Xilinx
-- recommends that these types always be used for the top-level I/O of a
-- design in order to guarantee that the testbench will bind correctly
-- to the post-implementation Simulation model.
--------
library ieee;
use ieee.std_logic_1164.all;
--------

-- Uncomment the following library declaration if using
-- arithmetic functions with Signed or Unsigned values
--use ieee.numeric_std.all;
--------

entity MPU12_TB2 is
end MPU12_TB2;
--------

architecture MPU12_TB_ARCH of MPU12_TB2 is
--------

---- Unit Under Test (UUT) ----
component MPU12_S1 port (
        OPR_Q : out std_logic_vector(11 downto 0);
        IPR_D : in std_logic_vector(11 downto 0);
        CLK : in std_logic;
        CLR : in std_logic;
        IPV : in std_logic;
        START : in std_logic;
        LOAD : in std_logic;
        OPRE : in std_logic;
        IPREQ : out std_logic;
        OPV : out std_logic);
end component;
```

```
---- Inputs ----
        signal IPR_D : std_logic_vector(11 downto 0) := (others => '0');
        signal CLK : std_logic := '0';
        signal CLR : std_logic := '0';
        signal IPV : std_logic := '0';
        signal START : std_logic := '0';
        signal LOAD : std_logic := '0';
        signal OPREC : std_logic := '0';
---- Outputs ----
        signal OPR_Q : std_logic_vector(11 downto 0);
        signal IPREQ : std_logic;
        signal OPV : std_logic;
--------
---- Clock period definitions ----
constant CLK_period : time := 5 ns; -- Taktfrequenz 200 MHz
begin
---- Instantiate the Unit Under Test (UUT) ----
UUT: MPU12_S1 port map (
        OPR_Q => OPR_Q,
        IPR_D => IPR_D,
        CLK => CLK, -- 200 MHz Mikroprozessor-System
        CLR => CLR,
        IPV => IPV,
        START => START,
        LOAD => LOAD,
        OPREC => OPREC,
        IPREQ => IPREQ,
        OPV => OPV);
--------
---- Clock Process Definitions ----
CLK_IN: process
begin
        CLK <= '0';
        wait for CLK_period/2;
        CLK <= '1';
        wait for CLK_period/2;
end process CLK_IN;
---- Anfangsbedingung ----
CLR_IN: process
begin
        IPV <= '0';
        CLR <= '1';
```

```
        wait for 20 ns;
        CLR <= '0';
        wait for 3 ns;
        IPR_D <= "000000110000"; -- Startadresse 30h
        wait; -- wait for ever
end process CLR_IN;
---- Initialisierung des RAM12_1 ----
RAM_LOAD: process
begin
        LOAD <= '0';
        wait for 30 ns;
        LOAD <= '1'; -- Laden des Testprogramms ER170
        wait for 60 ns;
        LOAD <= '0';
        wait; -- wait for ever
end process RAM_LOAD;
---- Start Program ----
START_IN: process
        begin
        START <= '0';
        wait for 160 ns;
        START <= '1';
        wait for 100 ns;
        START <= '0';
        wait; -- wait for ever
end process START_IN;
---- Output-Register OPR ----
OUT_IN: process
        begin
        OPREC <= '0';
        wait for 400 ns;
        OPREC <= '1';
        wait for 60 ns;
        OPREC <= '0';
        wait for 350 ns;
        OPREC <= '1';
        wait for 60 ns;
        OPREC <= '0';
        wait; -- wait for ever
        end process OUT_IN;
end MPU12_TB_ARCH;
--------
```

7.3 Testen des 12-Bit-Mikroprozessor-Systems(2)

Da sich keine Änderungen bei der Modellierung der Mikroprozessor-Systeme(2) und (3) bezüglich Schaltungsaufwand und Taktfrequenzen ergeben haben, wird im Folgenden nur das Mikroprozessor-System(2) getestet.

Es werden folgende Simulationen durchgeführt:
– Funktionale Simulation
– Timing Simulation

Das Testprogramm wird mit dem Memory-Editor erstellt und mit dem IP-Core-Generator eine coe-Datei generiert.

Die Erstellung des Testprogramms ER200 mit dem IP-Core-Generator wird im Anhang A.2 behandelt.

7.3.1 Testbench: Funktionale Simulation des Systems MPU12_S2

Die folgende Tabelle 7.2 zeigt das Testprogramm ER200 für eine einfache Rechenaufgabe. Das Programm soll folgende Aufgabe lösen:

$$(600/2 - 100)/2 + 100 = ? \quad (\text{Ergebnis} = 200, \text{Daten in Hexcode})$$

Der folgende VHDL-Code zeigt die Testbench für das Testprogramm ER200.

In der Testbench wurde wieder eine Taktfrequenz von 200 MHz für das Mikroprozessor-System gewählt. Die Taktfrequenz des Mikroprozessors beträgt daher wegen des Frequenzteilers (CLK/2) 100 MHz.

```
--------
-- Modul MPU12_TB2.VHD
--------
library ieee;
use ieee.std_logic_1164.all;
use ieee.std_logic_unsigned.all;
use ieee.numeric_std.all;
---- Entity Declaration ----
entity MPU12_TB2 is
end MPU12_TB2;
---- Architecture Declaration ----
architecture MPU_TB_ARCH of MPU12_TB2 is
---- Unit Under Test (UUT) ----
component MPU12_S2 port( -- Mikroprozessor-System(2)
        IPR_D : in std_logic_vector(11 downto 0);
        CLK : in std_logic; -- 200 MHz Mikroprozessor-System
```

Tab. 7.2: Testprogramm ER200.

ADR	Opcode	Mnemonic/Daten	Bedeutung
00		000	ADR 00: 000
01		300	ADR 01: 300
02		600	ADR 02: 600
03		020	ADR 03: 020
04		100	ADR 04: 100
05		050	ADR 05: 050
06		000	ADR 06: 000
07		000	ADR 07: 000
08		000	ADR 08: 000
@30			Startadresse
30	F02	LO 02	LOAD A, 02
31	A00	SHR	SHIFT R, A
32	106	ST 06	STORE 06, A
33	D01	SU 01	SBB A, 01
34	437	JZ 37	JUMP Z, 37
35	F06	LO 06	LOAD A, 06
36	731	JU 31	JUMP 31
37	F06	LO 06	LOAD A, 06
38	D04	SU 04	SBB A, 04
39	A00	SHR	SHIFT R, A
3A	107	ST 07	STORE 07, A
3B	C07	AD 07	ADD A, 07
3C	108	ST 08	STORE 08, A
3D	B80	NOP	No Operation
3E	380	NOP	No Operation
3F	008	OU 08	OUTPUT O, 08
40	300	SP	STOP, Programmende

```
        CLR : in std_logic;
        IPV : in std_logic;
        START : in std_logic;
        OPREC : in std_logic;
        OPR_Q : out std_logic_vector(11 downto 0);
        IPREQ : out std_logic;
        OPV : out std_logic);
end component;
--------
---- Configuration for Functional Simulation ----
for UUT: MPU12_S2 use entity WORK.MPU12_S2(MPU12_ARCH);
--------
---- Input Signals ----
        signal CLK : std_logic := '0';
```

```vhdl
        signal CLR : std_logic := '0';
        signal IPV : std_logic := '0';
        signal START : std_logic := '0';
        signal OPREC : std_logic := '0';
        signal IPR_D : std_logic_vector(11 downto 0) := (others=>'0');
---- Output Signals ----
        signal OPR_Q : std_logic_vector(11 downto 0);
        signal IPREQ : std_logic;
        signal OPV : std_logic;
--------
---- Clock Period Definitions ----
        constant CLK_period : time := 5 ns;
begin
---- Instantiate the Unit Under Test (UUT) ----
UUT: MPU12_S2 port map(
        OPR_Q => OPR_Q,
        IPR_D => IPR_D,
        CLK => CLK,
        CLR => CLR,
        IPV => IPV,
        START => START,
        OPREC => OPREC,
        IPREQ => IPREQ,
        OPV => OPV);
--------
---- Anfangsbedingung ----
CLR_IN: process
begin
        CLR <= '1';
        wait for 20 ns;
        CLR <= '0';
        wait for 3 ns;
        IPR_D <= "000000110000"; -- Startadresse 30h
        wait; -- wait for ever
end process CLR_IN;
---- Clockgenerator ----
        CLK_IN: process
begin
        CLK <= '0';
        wait for CLK_period/2;
        CLK <= '1';
        wait for CLK_period/2;
```

```
end process CLK_IN;
-------- Start Program--------
START_IN: process
begin
        START <= '0'; -- Starten des Programms ER200
        wait for 160 ns;
        START <= '1';
        wait for 100 ns;
        START <= '0';
        wait; -- wait for ever
end process START_IN;
---- Output-Register OPR ----
OUT_IN: process
        begin
        OPREC <= '0';
        wait for 820 ns;
        OPREC <= '1';
        wait for 60 ns;
        OPREC <= '0';
        wait; --wait for ever
        end process OUT_IN;
end MPU_TB_ARCH;
--------
```

7.3.2 Testbench: Timing Simulation des Systems MPU12_S2

Der folgende VHDL-Code zeigt die Testbench für die Timing Simulation. Es wird wie bei der Funktionalen Simulation das Testprogramm ER200 verwendet. Die Testbench wird von der ISE Software generiert. Nach dem Synthese-Bericht wäre eine maximale Taktfrequenz von 216 MHz für den Mikroprozessor erlaubt. Für das Mikroprozessor-System ergibt der Synthese-Bericht einen Wert von 161 MHz. Für die Simulation wurde eine Taktfrequenz von 320 MHz gewählt. Das ergibt eine Taktfrequenz von 160 MHz für das System Mikroprozessor mit RAM. Die Simulation ist mit dieser Einstellung fehlerfrei gelaufen.

```
-- VHDL Test Bench Created by ISE for module: MPU12_S2
-- Notes:
-- This testbench has been automatically generated using types std_logic
-- and std_logic_vector for the ports of the unit under test. Xilinx
-- recommends that these types always be used for the top-level I/O of a
-- design in order to guarantee that the testbench will bind correctly
```

```vhdl
-- to the post-implementation simulation model.
--------

library ieee;
use ieee.std_logic_1164.all;
--------

-- Uncomment the following library declaration if using
-- arithmetic functions with Signed or Unsigned values
-- use ieee.numeric_std.all;
--------

entity MPU12_TB22 is
end MPU12_TB22;
--------

architecture MPU12_TB_ARCH of MPU12_TB22 is
--------

---- Unit Under Test (UUT) ----
component MPU12_S2 port (
        OPR_Q : out std_logic_vector(11 downto 0);
        IPR_D : in std_logic_vector(11 downto 0);
        CLK : in std_logic;
        CLR : in std_logic;
        IPV : in std_logic;
        START : in std_logic;
        OPREC : in std_logic;
        IPREQ : out std_logic;
        OPV : out std_logic);
end component;
---- Inputs ----
        signal IPR_D : std_logic_vector(11 downto 0) := (others => '0');
        signal CLK : std_logic := '0';
        signal CLR : std_logic := '0';
        signal IPV : std_logic := '0';
        signal START : std_logic := '0';
        signal OPREC : std_logic := '0';
---- Outputs ----
        signal OPR_Q : std_logic_vector(11 downto 0);
        signal IPREQ : std_logic;
        signal OPV : std_logic;
---- Clock Period Definitions ----
constant CLK_period : time := 3.1 ns;
begin
---- Instantiate the Unit Under Test (UUT) ----
UUT: MPU12_S2 port map (
```

```
        OPR_Q => OPR_Q,
        IPR_D => IPR_D,
        CLK => CLK, -- 320 MHz Mikroprozessor-System
        CLR => CLR,
        IPV => IPV,
        START => START,
        OPREC => OPREC,
        IPREQ => IPREQ,
        OPV => OPV);
---- Anfangsbedingung ----
CLR_IN: process
begin
        CLR <= '1';
        wait for 20 ns;
        CLR <= '0';
        wait for 3 ns;
        IPR_D <= "000000110000"; -- Startadresse 30h
        wait; -- wait for ever
end process CLR_IN;
---- Clockgenerator ----
CLK_IN: process
begin
        CLK <= '0';
        wait for CLK_period/2;
        CLK <= '1';
        wait for CLK_period/2;
end process CLK_IN;
-------- Start Program--------
START_IN: process -- Starten Programm ER200
begin
        START <= '0';
        wait for 160 ns;
        START <= '1';
        wait for 80 ns;
        START <= '0';
        wait; -- wait for ever
end process START_IN;
---- Output-Register OPR ----
OUT_IN: process
begin
        OPREC <= '0';
        wait for 580 ns;
```

```
        OPREC <= '1';
        wait for 30 ns;
        OPREC <= '0';
        wait; -- wait for ever
end process OUT_IN;
end MPU12_TB_ARCH;
--------
```

8 Durchführung der Tests mit dem Demo-Board

Für den Hardwaretest wurde das Mimas V2 (Spartan6)-Board der Firma Numato LAB verwendet [20]. Das Testboard besitzt den FPGA-Baustein Spartan6 XC6SLX9, der für den gesamten Prozessorentwurf gewählt wurde. Das Demo-Board ist mit Schaltern, Tastern, LED- und Siebensegment-Anzeigen ausgestattet.

Die Ergebnisse aus den Simulationen für die Mikroprozessor-Systeme konnten mit dem Demo-Board bestätigt werden.

Für das Testen mit dem Demo-Board sind folgende Schritte notwendig:
- „Place-and-Route"-Tool muß fehlerfrei laufen
- Erstellen des Konfigurationsprogramms
- Verbindung vom PC zum Testboard herstellen
- Laden des Konfigurationsprogramms in das Flash-PROM
- Starten des Testprogramms auf dem Board

Als Entwicklungssystem wurde die ISE Design Suite 14.7 von Xilinx verwendet. Das „Place-and-Route"-Tool sowie das Erstellen des Konfigurationsprogramms sind Teil der ISE-Software.

Das Demo-Board benötigt für die Ausführung des Testprogramms eine Binärdatei, die auch als Konfigurationsprogramm bezeichnet wird. Das Konfigurationsprogramm kann in einem elektrisch löschbaren Flash-PROM gespeichert werden. Das Konfigurationsprogramm kann erst erstellt werden, wenn der „Place-and-Route"-Prozess fehlerfrei durchlaufen ist.

Die Verbindungen zum Testboard werden über ein sog. Constraint-File zugeordnet. Ein Constraint-File ist ein Textfile, in dem die Ein- und Ausgangspins zum Board festgelegt werden.

Das Constraint-File hat das Format: **name.ucf**

Im Anhang ist ein Beispiel einer ucf-Datei angegeben.

Für die Verbindung vom PC zum Testboard ist eine Treibersoftware notwendig. Für das vorliegende Demo-Board benötigt man das „Configuration-Tool" der Firma Numato LAB. Es stellt die Verbindung über einen USB-Anschluss her. Das Software-Tool kann im Internet von der Firma heruntergeladen werden [20]. Im Anhang ist ein ausführliches Beispiel für das Testboard und der Umgang mit dem „Configuration-Tool" gezeigt.

Das Demo-Board hat Dip-Schalter und Drucktasten für die Ein- und Ausgabe von Daten sowie für den Ablauf des Testprogramms. Die Tasten IPV (Input Valid) und OPREC (Output Recognized) sind für die Bestätigung der externen Daten-Ein- und Ausgabe. Mit der CLR-Taste können die Register im FPGA gelöscht werden. Mit der START-Taste wird das Testprogramm gestartet. An den LED's können die Programmzustände OPV (Output Valid) und IPREQ (Input Request) angezeigt werden. Das Board hat eine dreifache Sieben-Segment-Anzeige, die in einer vereinfachten Form (gemulti-

https://doi.org/10.1515/9783110583069-008

plext) vorliegt. Für den Gebrauch der Anzeige kann eine einfache Ansteuerung in VHDL erstellt werden.

Die Drucktasten und Dip-Schalter des Testboards liefern beim Betätigen keine „sauberen" Impulse. Beim Betätigen einer Drucktaste entstehen viele unterschiedliche Impulse neben den logischen Pegeln 0 und 1. Man bezeichnet es auch als Prellen der Schalter. Für die meisten Anwendungen müssen die Schalter daher entprellt werden. In der Literatur wird eine Reihe von Lösungen für die Entprellung angeboten. Hier wird eine Lösung als VHDL-Modell verwendet. Mit Hilfe von VHDL kann ein einfacher Tastenautomat erstellt werden, der genau definierte Impulse liefert. Im Folgenden wird ein VHDL-Modell für einen Tastenautomaten vorgestellt. Der Automat ist als Mealy-Modell realisiert und kann sehr flexibel gestaltet werden. Der Automat kann an die jeweilige Anwendung angepasst werden. Folgende Parameter müssen dabei beachtet werden:

- Ein oder mehrere definierte Impulse
- Reset-Bedingung
- Anzahl der Automatenzustände
- Taktfrequenz der Impulse

Der vorgestellte Tastenautomat liefert zwei definierte Impulse in den Zuständen S1 und S2. Der Automat hat acht Zustände. Im Zustand S7 muss die Bedingung D = '0' erfüllt sein, damit der Automat in den Anfangszustand S0 zurückkehrt. Die Reset-Bedingung ist asynchron, d. h. es wird erst geprüft, ob die CLR-Taste betätigt ist. Die Taktfrequenz der Impulse kann ebenfalls an die Anwendung angepasst werden.

VHDL-Code für den Tastenautomaten

```
--------
-- Modul: TASTER_3.VHD
-- Funktion: Tastenautomat
--------
library ieee;
use ieee.std_logic_1164.all;
---- Entity Declaration ----
entity TASTER_3 is port (
        CLK : in std_logic;
        CLR : in std_logic;
        D : in std_logic;
        OUT1 : out std_logic);
end TASTER_3;
--------
---- Architecture Declaration ----
architecture TASTER_ARCH of TASTER_3 is
```

```
---- Signal Declaration ----
type Sreg0_type is (S0, S1, S2, S3, S4, S5, S6, S7);
--------
signal Sreg0: Sreg0_type;
begin
---- Process Statement ----
Auto1: process (CLK,CLR)
        begin
        if CLR='1' then
        Sreg0 <= S0;
        elsif (CLK'event and CLK = '1') then
---- Case Statement ----
        case Sreg0 is
---- S0 ----
        when S0 =>
        if D = '0' then
        Sreg0 <= S0;
        elsif D = '1' then
        Sreg0 <= S1;
        end if;
---- S1 ----
        when S1 =>
        Sreg0 <= S2;
---- S2 ----
        when S2 =>
        Sreg0 <= S3;
---- S3 ----
        when S3 =>
        Sreg0 <= S4;
---- S4 ----
        when S4 =>
        Sreg0 <= S5;
---- S5 ----
        when S5 =>
        Sreg0 <= S6;
---- S6 ----
        when S6 =>
        Sreg0 <= S7;
---- S7 ----
        when S7 =>
        if D = '1' then
        Sreg0 <= S7;
```

```vhdl
        elsif D = '0' then
        Sreg0 <= S0;
        end if;
        when others =>
        null;
        end case;
        end if;
end process Auto1;
--------
---- Signal Assignment Statements ----
---- S0 ----
OUT1 <= '0' when (Sreg0 = S0 and D = '0') else
'0' when (Sreg0 = S0 and D = '1') else
---- S1 ----
'1' when (Sreg0 = S1) else
---- S2 ----
'1' when (Sreg0 = S2) else
---- S3 ----
'0' when (Sreg0 = S3) else
---- S4 ----
'0' when (Sreg0 = S4) else
---- S5 ----
'0' when (Sreg0 = S5) else
---- S6 ----
'0' when (Sreg0 = S6) else
---- S7 ----
'0' when (Sreg0 = S7) else
'0';
end TASTER_ARCH;
--------
```

A Anhang

A.1 Verwendete Entwicklungssoftware (CAD/CAE-Tools)

Komplexe digitale Systeme werden heutzutage mit Hilfe von leistungsfähigen Entwicklungstools, den so genannten CAD- (Computer Aided Design)- bzw. CAE (Computer Aided Engineering)-Tools erstellt. Hier wurde für den gesamten VHDL-Entwurf mit den Entwurfssystemen ISE Design Suite (Version 14.7) der Firma Xilinx gearbeitet. Der darin enthaltene Projekt-Navigator dient der Verwaltung eigener Entwürfe. Vom Project Navigator lassen sich verschiedene Programme wie z. B. der Eingabe-Editor, das „Place-and-Route"-Tool oder der IP-Core-Generator aufrufen. Eine Lehrversion der ISE-Software von Xilinx ist als Webpack im Internet kostenlos erhältlich [21].

Der Simulator
Für die gesamte VHDL-Modellierung wurde der Simulator ISIM verwendet. Der Simulator ist in der ISE Design Software enthalten. Mit dem Simulator kann sowohl die Funktionale als auch die Timing Simulation durchgeführt werden [8].
    Es besteht auch die Möglichkeit, eine Testbench mit Hilfe des Simulators zu generieren (siehe Kap. 7.1, Testbenches). Dadurch kann die Durchführung der Simulation erheblich vereinfacht werden.

A.2 Memory-Editor und IP-Core-Generator

Mit Hilfe des Memory-Editors und des IP-Core-Generators der ISE Software können die RAM-Speicher erstellt werden. Folgende Schritte sind dazu notwendig:
–   Erstellen der cgf-Datei mit dem Memory-Editor (siehe Abb. A.1)
–   Generieren der coe-Datei mit dem Memory-Generator (siehe Abb. A.2)

Die Abb. A.1 zeigt den Memory-Editor zur Erstellung der cgf-Datei. Auf der linken Seite der Abbbildung werden die Parameter des RAM-Speichers eingetragen. Auf der rechten Seite können die Daten und Adressen des Testprogramms eingegeben werden. Mit Hilfe des Editors ist eine komfortable Eingabe der Daten möglich. Die Abb. A.2 zeigt die Eingabe für die Erstellung der coe-Datei. Diese Binärdatei wird mit dem IP-Core-Generator (Memory Generator) erstellt und anschliessend ins RAM geladen.

Beispiel für das Testprogramm ER200 von Abschnitt 7.3
Das Testprogramm soll folgende Aufgabe lösen:

$$(600/2 - 100)/2 + 100 = ? \quad (\text{Ergebnis} = 200, \text{Daten in Hexcode})$$

https://doi.org/10.1515/9783110583069-009

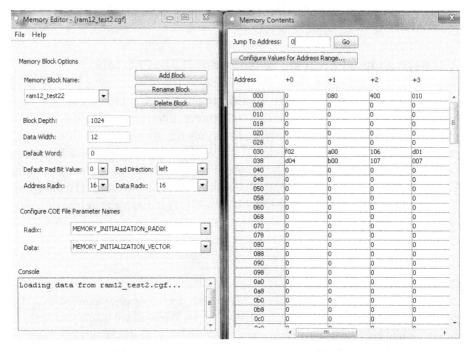

Abb. A.1: Memory-Editor.

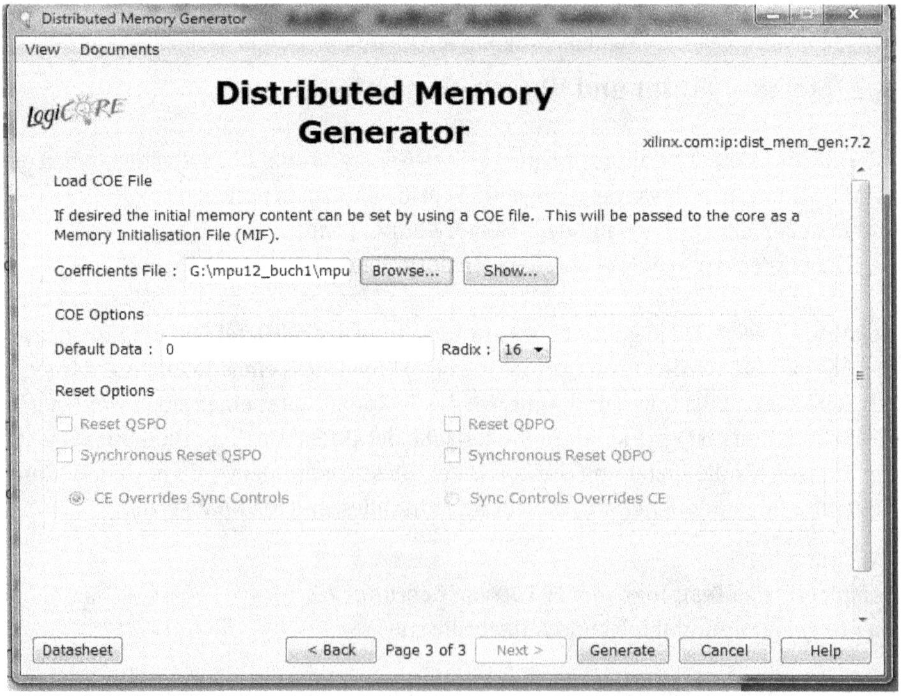

Abb. A.2: IP-Core-Generator (Memory Generator).

Im Folgenden sind die cgf-Datei für das Testprogramm ER200 und ein Ausschnitt der binären coe-Datei zusammen gestellt.

```
---- ER200.CGF ----
#version3.0
#memory_block_name=ER200
#block_depth=1024
#data_width=12
#default_word=0
#default_pad_bit_value=0
#pad_direction=left
#data_radix=16
#address_radix=16
#coe_radix=MEMORY_INITIALIZATION_RADIX
#coe_data=MEMORY_INITIALIZATION_VECTOR
#data=
@1
300
600
020
100
@30
f02
a00
106
d01
437
f06
731
f06
d04
a00
107
c07
108
b80
380
008
300
#end
```

```
---- coe-Datei (Ausschnitt) ----
MEMORY_INITIALIZATION_RADIX=2;
MEMORY_INITIALIZATION_VECTOR=
000000000000,
001100000000, ;Daten-Bereich
011000000000,
000000100000,
...,
111100000010, ;Source-Code-Bereich
101000000000,
000100000110,
110100000001,
010000110111,
111100000110;
```

A.3 Beispiele für Testprogramme

In diesem Kapitel werden Beispiele für die Mikroprozessor-Systeme MPU12_S1 und MPU12_S2 behandelt. Es werden einfache Testprogramme mit den zugehörigen Testbenches verwendet. Die Beispiele beschränken sich auf die Funktionale Simulation. Für die Timing Simulation müssen die Testbenches wie in Kap. 7 gezeigt entsprechend angepasst werden. Testprogramme sind notwendig, um die Funktionsfähigkeit des Mikroprozessor-Systems zu testen.

A.3.1 System MPU12_S1: Testprogramm ER60

In Tab. A.1 ist das Testprogramm ER60 als Assembler-Code gegeben.

Das Testprogramm soll die einfache Aufgabe lösen:

$$(200/8 - 10) \times 2 = ? \quad \text{(Ergebnis = 60, Daten in Hexcode)}$$

Testbench für das Testprogramm ER60

Der folgende VHDL-Code zeigt die Testbench für die Funktionale Simulation.

Die gewählte Taktfrequenz für das Mikroprozessor-System beträgt 200 MHz (T = 5 ns). Der Mikroprozessor wird wegen des Frequenzteilers (CLK/2) mit 100 MHz getaktet.

Tab. A.1: Testprogramm ER60.

ADR	OPC	Mnemonic/Daten	Bedeutung
00			
01		040	Konstante 40h
02		200	Konstante 200h
03		030	Konstante 30
04		010	Konstante 10h
05		000	
06		000	Zwischenergebnis
07		000	Ergebnis
@30			Startadresse
30	F02	LO 02	LOAD A, 02
31	A00	SHR	SHIFT R, A
32	106	ST 06	STORE 06, A
33	D01	SU 01	SBB A, 01
34	437	JZ 37	JUMP Z, 37
35	F06	LO 06	LOAD A, 06
36	731	JU 31	JUMP 31
37	F06	LO 06	LOAD A, 06
38	D04	SU 04	ADD A, 04
39	B00	SHL	SHIFT L, A
3a	107	ST 07	STORE 07, A
3b	007	OU 07	OUTPUT O, 07
3c	300	SP	STOP

```
--------
library ieee;
use ieee.std_logic_1164.all;
use ieee.std_logic_unsigned.all;
use ieee.numeric_std.all;
---- Entity Declaration ----
entity MPU12_TB2 is
end MPU12_TB2;
---- Architecture Declaration ----
architecture MPU_TB_ARCH of MPU12_TB2 is
---- Unit Under Test (UUT) ----
component MPU12_S1 port(
        IPR_D : in std_logic_vector(11 downto 0);
        CLK : in std_logic;
        CLR : in std_logic;
        IPV : in std_logic;
        START : in std_logic;
        LOAD : in std_logic;
```

```vhdl
        OPREC : in std_logic;
        OPR_Q : out std_logic_vector(11 downto 0);
        IPREQ : out std_logic;
        OPV : out std_logic);
end component;
--------
---- Configuration for Functional Simulation ----
for UUT: MPU12_S1 use entity WORK.MPU12_S1(MPU12_ARCH);
--------
---- Input Signals ----
        signal CLK : std_logic;
        signal CLR : std_logic;
        signal IPV : std_logic;
        signal START : std_logic;
        signal LOAD : std_logic;
        signal OPREC : std_logic;
        signal IPR_D : std_logic_vector(11 downto 0);
---- Output Signals ----
        signal OPR_Q : std_logic_vector(11 downto 0);
        signal IPREQ : std_logic;
        signal OPV : std_logic;
---- Clock Period Definitions ----
        constant CLK_period : time := 5 ns;
begin
---- Instantiate the Unit Under Test (UUT) ----
UUT: MPU12_S1 port map(
        OPR_Q => OPR_Q,
        IPR_D => IPR_D,
        CLK => CLK, -- 200 MHz Mikroprozessor-System
        CLR => CLR,
        IPV => IPV,
        START => START,
        LOAD => LOAD,
        OPREC => OPREC,
        IPREQ => IPREQ,
        OPV => OPV);
---- Anfangsbedingung ----
CLR_IN: process
        begin
        IPV <= '0';
        CLR <= '1';
        wait for 20 ns;
```

```
        CLR <= '0';
        wait for 3 ns;
        IPR_D <= "000000110000"; -- Startadresse Maschinenprogr.
        wait; -- wait for ever
end process CLR_IN;
---- Initialisierung des RAM12_1 ----
RAM_LOAD: process
        begin
        LOAD <= '0';
        wait for 30 ns;
        LOAD <= '1'; -- Laden des Test-Programms ER60
        wait for 60 ns;
        LOAD <= '0';
        wait; -- wait for ever
end process RAM_LOAD;
--------
---- Clockgenerator ----
CLK_IN: process
begin
        CLK <= '0';
        wait for CLK_period/2;
        CLK <= '1';
        wait for CLK_period/2;
end process CLK_IN;
-------- Start Program--------
START_IN: process
        begin
        START <= '0';
        wait for 160 ns;
        Start <= '1';
        wait for 100 ns;
        START <= '0';
        wait; -- wait for ever
end process START_IN;
---- Output-Register OPR ----
OUT_IN: process
        begin
        OPREC <= '0';
        wait for 900 ns;
        OPREC <= '1';
        wait for 60 ns;
        OPREC <= '0';
```

```
        wait; -- wait for ever
end process OUT_IN;
end MPU_TB_ARCH;
--------
```

VHDL-Code für das Testprogramm ER60

Im Folgenden ist der VHDL-Code für den RAM-Speicher angegeben.

Für den Fall, dass die Entwicklungs-Software keinen IP-Core-Generator zur Verfügung stellt, muss der VHDL-Code für den RAM-Speicher mit dem VHDL-Editor erstellt werden.

```
--------
library ieee;
use ieee.std_logic_1164.all;
use ieee.std_logic_arith.all;
use ieee.std_logic_unsigned.all;
---- Entity Declaration ----
entity RAM12_1 is port (
        ADR : in std_logic_vector(6 downto 0);
        DO : out std_logic_vector(11 downto 0);
        DI : in std_logic_vector(11 downto 0);
        LOAD : in std_logic;
        WE : in std_logic;
        CLK : in std_logic);
end RAM12_1;
---- Architecture Declaration ----
architecture RAM_ARCH of RAM12_1 is
type MEM_DATA is array (127 downto 0) of std_logic_vector(11 downto 0);
begin
---- Process Statement ----
process (LOAD,ADR,CLK,DI)
        variable VD: MEM_DATA;
begin
        if LOAD = '1' then
---- Testprogramm: ER60 ----
---- Daten-Bereich : 0 bis 47 (0 bis 2FH) ----
        VD(0) := "000000000000"; -- 000
        VD(1) := "000001000000"; -- 040
        VD(2) := "001000000000"; -- 200
        VD(3) := "000000110000"; -- 030
        VD(4) := "000000010000"; -- 010
```

```
        VD(5) := "000000000000"; -- 000
        VD(6) := "000000000000"; -- 000
---- Sourcecode-Bereich : 48 bis 127 (30 bis 7FH) ----
        VD(48) := "111100000010"; -- F02 LOAD A, 02
        VD(49) := "101000000000"; -- A00 SHIFT R, A
        VD(50) := "000100000110"; -- 106 STORE 06, A
        VD(51) := "110100000001"; -- D01 SBB A, 01
        VD(52) := "010000110111"; -- 437 JUMP Z, 37
        VD(53) := "111100000110"; -- F06 LOAD A, 06
        VD(54) := "011100110001"; -- 731 JUMP 31
        VD(55) := "111100000110"; -- F06 LOAD A, 06
        VD(56) := "110100000100"; -- D04 SBB A, 04
        VD(57) := "101100000000"; -- B00 SHIFT L, A
        VD(58) := "000100000111"; -- 107 STORE 07, A
        VD(59) := "000000000111"; -- 007 OUTPUT O, 07
        VD(60) := "001100000000"; -- 300 STOP
--------

        else
        if (CLK'event and CLK = '1') then
        if WE = '1' then
        VD (conv_integer(ADR)) := DI; -- ins RAM schreiben
        end if;
        end if;
        end if;
---- Signal Assignment ----
        DO <= VD(conv_integer(ADR)); -- aus dem RAM lesen
end process;
end RAM_ARCH;
--------
```

A.3.2 System MPU12_S2: Testprogramm UP100

Im Testprogramm UP100 werden Befehle mit direkter und indirekter Adressierung sowie Unterprogramm-Aufrufe behandelt. Die erste und zweite Spalte in Tab. A.2 können direkt in eine cgf-Datei übernommen werden.

Testbench für das Testprogramm UP100
Für die Simulation wurde eine Taktfrequenz für das Mikroprozessor-System von 200 MHz (T = 5 ns) gewählt. Die Taktfrequenz kann beliebig gewählt werden, die

Tab. A.2: Testprogramm UP100.

ADR	OPC	Mnemonic/Daten	Bedeutung
00			
01		200	Konstante 200
02		100	Konstante 100
03		1FF	Konstante 1FF
04		050	Konstante 50
05		080	Indirekte Adres.
06		081	Indirekte Adres.
07		082	Indirekte Adres.
08		083	Indirekte Adres.
@30			Startadresse
30	F01	LO 01	LOAD A, 01, A = 200
31	A00	SHR	SHIFT R, A, A = 100
32	185	STI 80(05)	STOREI 80(05), A
33	F87	LOI 82(07)	LOADI 82(07), A, A = 010
34	C86	ADI 81(06)	ADDI 81(06), A, A = 80F
35	D03	SU 03	SBB A, 03, A = 610
36	188	STI 83(08)	STOREI 83(08), A
37	088	OUI 83(08)	OUTPUTI 83(08), OPR = 610
38	882	CAI 100(02)	CALLI 100(02)
39	D02	SU 02	SBB A, 02, A = 1A0
3A	C04	AD 04	ADD A, 04, A = 1F0
3B	185	STI 80(05)	STOREI 80(05), A
3C	085	OUI 80(05)	OUTPUTI 80(05), OPR = 1F0
3D	300	SP	STOP, Programmende
@80			
80	000		Konstante 000
81	7FF		Konstante 7FF
82	010		Konstante 010
83	150		Konstante 150
84	000		Konstante 000
@100			ADR Unterprogramm
100	F85	LOI 80(05)	LOADI 80(05), A, A = 100
101	C04	AD 04	ADD A, 04, A = 150
102	B00	SHL	SHIFT L, A, A = 2A0
103	900	RT	RETURN
104	300	SP	STOP

Ein- und Ausgabe von externen Daten muss jedoch an die Testbench angepasst werden. Mikroprozessor und RAM werden mit dem Frequenzteiler mit 100 MHz getaktet.

```
--------

library ieee;
use ieee.std_logic_1164.all;
use ieee.std_logic_unsigned.all;
```

```vhdl
use ieee.numeric_std.all;
---- Entity Declaration ----
entity MPU12_TB2 is
end MPU12_TB2;
---- Architecture Declaration ----
architecture MPU_TB_ARCH of MPU12_TB2 is
---- Component Declaration for the Unit Under Test (UUT)
component MPU12_S2 port(
        IPR_D : in std_logic_vector(11 downto 0);
        CLK : in std_logic;
        CLR : in std_logic;
        IPV : in std_logic;
        START : in std_logic;
        OPREC : in std_logic;
        OPR_Q : out std_logic_vector(11 downto 0);
        IPREQ : out std_logic;
        OPV : out std_logic);
end component;
--------
---- Configuration for Functional Simulation ----
for uut: MPU12_S2 use entity WORK.MPU12_S2(MPU12_ARCH);
--------
---- Input Signals ----
        signal CLK : std_logic := '0';
        signal CLR : std_logic := '0';
        signal IPV : std_logic := '0';
        signal START : std_logic := '0';
        signal OPREC : std_logic := '0';
        signal IPR_D : std_logic_vector(11 downto 0) := (others=>'0');
---- Output Signals ----
        signal OPR_Q : std_logic_vector(11 downto 0);
        signal IPREQ : std_logic;
        signal OPV : std_logic;
---- Clock period definitions ----
        constant CLK_period : time := 5 ns;
begin
---- Instantiate the Unit Under Test (UUT) ----
UUT: MPU12_S2 port map(
        OPR_Q => OPR_Q,
        IPR_D => IPR_D,
        CLK => CLK, -- 200 MHz Mikroprozessor-System
        CLR => CLR,
```

```
        IPV => IPV,
        START => START,
        OPREC => OPREC,
        IPREQ => IPREQ,
        OPV => OPV);
---- Anfangsbedingung ----
CLR_IN: process
            begin
        CLR <= '1';
        wait for 20 ns;
        CLR <= '0';
        wait for 3 ns;
        IPR_D <= "000000110000"; -- Startadresse Testprogramm UP100
        wait; -- wait for ever
end process CLR_IN;
---- Clockgenerator ----
CLK_IN: process
            begin
        CLK <= '0';
        wait for CLK_period/2;
        CLK <= '1';
        wait for CLK_period/2;
end process CLK_IN;
---- Start Program ----
START_IN: process
            begin
        START <= '0';
        wait for 160 ns;
        START <= '1';
        wait for 100 ns;
        START <= '0';
        wait; -- wait for ever
end process START_IN;
---- Output-Register OPR ----
OUT_IN: process
        begin
        OPREC <= '0';
        wait for 600 ns;
        OPREC <= '1'; -- Datenausgabe 1
        wait for 60 ns;
        OPREC <= '0';
        wait for 440 ns;
```

```
      OPREC <= '1'; -- Datenausgabe 2
      wait for 60 ns;
      OPREC <= '0';
      wait; -- wait for ever
end process OUT_IN;
end MPU_TB_ARCH;
--------
```

A.4 Testen mit dem Demo-Board

Es wird das Testboard Mimas V2 der Firma Numato LAB verwendet [20]. In Kap. 8 wurde bereits das Testboard vorgestellt. Im Folgenden wird ein einfaches Testprogramm verwendet, um das Arbeiten mit dem Demo-Board zu zeigen.
Tabelle A.3 zeigt das Testprogramm ER30. Es soll folgende Aufgabe lösen:

$$(200/2 - A0)/2 = ? \quad \text{(Ergebnis = 30, Daten in Hexcode)}$$

(A0 wird im Testprogramm in 80h + 20h = A0 umgesetzt)

Tab. A.3: Testprogramm ER30.

ADR	Opcode	Mnemonic/Daten	Bedeutung
00		000	ADR 00: 000
01		080	ADR 01: 080
02		200	ADR 02: 200
03		000	ADR 03: 000
04		020	ADR 04: 020
05		000	ADR 05: 000
06		000	ADR 06: 000
@30			Startadresse
30	F02	LO 02	LOAD A, 02
31	A00	SHR	SHIFT R, A
32	106	ST 06	STORE 06, A
33	D01	SU 01	SBB A, 01
34	437	JZ 37	JUMP Z, 37
35	F06	LO 06	LOAD A, 06
36	731	JU 31	JUMP 31
37	F06	LO 06	LOAD A, 06
38	D04	SU 04	SBB A, 04
39	A00	SHR	SHIFT R, A
3A	107	ST 07	STORE 07, A
3B	007	OU 08	OUTPUT O, 07
3C	300	SP	STOP, Programmende

Mit Hilfe des Memory-Editors und des IP-Core-Generators wird aus der cgf-Datei die zugehörige coe-Datei generiert (siehe Kap. A.2). Die folgende Darstellung zeigt das Testprogramm ER30.cgf. Die zugehörige binäre Datei ER30.coe wird in das RAM geladen.

```
---- Datei: ER30.CGF ----
#version3.0
#memory_block_name=er30
#block_depth=1024
#data_width=12
#default_word=0
#default_pad_bit_value=0
#pad_direction=left
#data_radix=16
#address_radix=16
#coe_radix=MEMORY_INITIALIZATION_RADIX
#coe_data=MEMORY_INITIALIZATION_VECTOR
#data=
@1
080
200
000
020
@30
f02
a00
106
d01
437
f06
731
f06
d04
a00
107
007
300
#end
```

Für die Pinzuordnung des Mimas V2 Demo-Boards wird noch eine ucf-Datei benötigt.

Die Datei kann mit dem Editor der ISE Software von Xilinx erstellt werden. Die ucf-Datei ist im Folgenden aufgelistet:

```
#**********************************************************
# UCF for Mimas V2
#**********************************************************
CONFIG VCCAUX = "3.3" ;
        NET "CLK_100MHz" LOC = V10
        | IOSTANDARD = "LVCMOS33" | PERIOD = 100 MHz HIGH 50%;
        NET "CLK_12MHz" LOC = D9
        | IOSTANDARD = "LVCMOS33" | PERIOD = 12 MHz HIGH 50%;
--------
# DIP Switches
--------
        NET "IPR_S[0]" LOC = C17 #DP8
        | IOSTANDARD = "LVCMOS33" | DRIVE = 8 | SLEW = FAST | PULLUP;
        NET "IPR_S[1]" LOC = C18 #DP7
        | IOSTANDARD = "LVCMOS33" | DRIVE = 8 | SLEW = FAST | PULLUP;
        NET "IPR_S[2]" LOC = D17 #DP6
        | IOSTANDARD = "LVCMOS33" | DRIVE = 8 | SLEW = FAST | PULLUP;
        NET "IPR_S[3]" LOC = D18 #DP5
        | IOSTANDARD = "LVCMOS33" | DRIVE = 8 | SLEW = FAST | PULLUP;
        NET "IPR_S[4]" LOC = E18 #DP4
        | IOSTANDARD = "LVCMOS33" | DRIVE = 8 | SLEW = FAST | PULLUP;
        NET "IPR_S[5]" LOC = E16 #DP3
        | IOSTANDARD = "LVCMOS33" | DRIVE = 8 | SLEW = FAST | PULLUP;
        NET "IPR_S[6]" LOC = F18 #DP2
        | IOSTANDARD = "LVCMOS33" | DRIVE = 8 | SLEW = FAST | PULLUP;
        NET "IPR_S[7]" LOC = F17 #DP1
        | IOSTANDARD = "LVCMOS33" | DRIVE = 8 | SLEW = FAST | PULLUP;
--------
# Push Buttons Switches
--------
        #NET "Switch[5]" LOC = M18 #SW1
        #| IOSTANDARD = LVCMOS33 | DRIVE = 8 | SLEW = FAST | PULLUP;
        #NET "Switch[4]" LOC = L18 #SW2
        #| IOSTANDARD = LVCMOS33 | DRIVE = 8 | SLEW = FAST | PULLUP;
        NET "CLR_S" LOC = M16 #SW3
        | IOSTANDARD = "LVCMOS33" | DRIVE = 8 | SLEW = FAST | PULLUP;
        NET "IPV_S" LOC = L17 #SW4
        | IOSTANDARD = "LVCMOS33" | DRIVE = 8 | SLEW = FAST | PULLUP;
        NET "OPREC_S" LOC = K17 #SW5
        | IOSTANDARD = "LVCMOS33" | DRIVE = 8 | SLEW = FAST | PULLUP;
        NET "START_S" LOC = K18 #SW6
        | IOSTANDARD = "LVCMOS33" | DRIVE = 8 | SLEW = FAST | PULLUP;
```

```
--------
# LEDs
--------

        #NET "LED[7]" LOC = P15
        #| IOSTANDARD = LVCMOS33 | DRIVE = 8 | SLEW = FAST ; #D1
        #NET "LED[6]" LOC = P16
        #| IOSTANDARD = LVCMOS33 | DRIVE = 8 | SLEW = FAST ; #D2
        #NET "LED[5]" LOC = N15
        #| IOSTANDARD = LVCMOS33 | DRIVE = 8 | SLEW = FAST ; #D3
        #NET "LED[4]" LOC = N16
        #| IOSTANDARD = LVCMOS33 | DRIVE = 8 | SLEW = FAST ; #D4
        #NET "LED[3]" LOC = U17
        #| IOSTANDARD = LVCMOS33 | DRIVE = 8 | SLEW = FAST ; #D5
        #NET "LED[2]" LOC = U18
        #| IOSTANDARD = LVCMOS33 | DRIVE = 8 | SLEW = FAST ; #D6
        NET "IPREQ_S" LOC = T17
        | IOSTANDARD = "LVCMOS33" | DRIVE = 8 | SLEW = FAST; #D7
        NET "OPV_S" LOC = T18
        | IOSTANDARD = "LVCMOS33" | DRIVE = 8 | SLEW = FAST; #D8
--------

# Seven Segment Display
--------

        NET "SevenSeg[0]" LOC = A3
        | IOSTANDARD = "LVCMOS33" | DRIVE = 8 | SLEW = FAST; #a
        NET "SevenSeg[1]" LOC = B4
        | IOSTANDARD = "LVCMOS33" | DRIVE = 8 | SLEW = FAST; #b
        NET "SevenSeg[2]" LOC = A4
        | IOSTANDARD = "LVCMOS33" | DRIVE = 8 | SLEW = FAST; #c
        NET "SevenSeg[3]" LOC = C4
        | IOSTANDARD = "LVCMOS33" | DRIVE = 8 | SLEW = FAST; #d
        NET "SevenSeg[4]" LOC = C5
        | IOSTANDARD = "LVCMOS33" | DRIVE = 8 | SLEW = FAST; #e
        NET "SevenSeg[5]" LOC = D6
        | IOSTANDARD = "LVCMOS33" | DRIVE = 8 | SLEW = FAST; #f
        NET "SevenSeg[6]" LOC = C6
        | IOSTANDARD = "LVCMOS33" | DRIVE = 8 | SLEW = FAST; #g
        #NET "SevenSeg[7]" LOC = A5
        #| IOSTANDARD = LVCMOS33 | DRIVE = 8 | SLEW = FAST ; #dot
--------

# Seven Segment Enable
--------

        NET "SevenSeg_En[3]" LOC = A5
```

```
   | IOSTANDARD = "LVCMOS33" | DRIVE = 8 | SLEW = FAST;
NET "SevenSeg_En[2]" LOC = B3
   | IOSTANDARD = "LVCMOS33" | DRIVE = 8 | SLEW = FAST;
NET "SevenSeg_En[1]" LOC = A2
   | IOSTANDARD = "LVCMOS33" | DRIVE = 8 | SLEW = FAST;
NET "SevenSeg_En[0]" LOC = B2
   | IOSTANDARD = "LVCMOS33" | DRIVE = 8 | SLEW = FAST;
#--------
```

Das Arbeiten mit dem Demo-Board wurde bereits in Kap. 8 beschrieben.

Für das Testen mit dem Demo-Board muss ein Konfigurationsprogramm als Binärdatei erstellt werden. Die von der ISE Software erstellte Binärdatei mpu12_s2.bin wird mit Hilfe des „Configuration-Tools" in das Flash-PROM des Demo-Boards geladen [20]. Nach erfolgreichem Ladevorgang erscheint folgendes Listing und das Testprogramm ER30 kann gestartet werden:

```
--------
File selected "mpu12_s2.bin"
Configuration download started...
Erasing flash sectors
Programming flash
Verifying configuration...
Configuration successful...
Rebooting FPGA...
Done...
--------
```

Literatur

[1]   SystemC Community, Webpages: www.systemc.org.
[2]   Kesel, F., Bartholomä, R.: Entwurf von digitalen Schaltungen und Systemen mit HDLs und FPGAs, 3. Auflage Oldenbourg Wissenschaftsverlag München 2013.
[3]   Oestereich, B.: Analyse und Design mit UML 2.1, Oldenbourg Wissenschaftsverlag München 2006.
[4]   Hertwig, A., Brück, R.: Entwurf digitaler Systeme, Carl Hanser Verlag München Wien 2000.
[5]   Siemers, C.: Hardwaremodellierung, Carl Hanser Verlag München Wien 2001.
[6]   Wecker, D.: Prozessorentwurf: Von der Planung bis zum Prototyp, De Gruyter Studium, 2. Auflage, Berlin München Boston 2015.
[7]   Reichardt, J., Schwarz, B.: VHDL-Synthese: Entwurf digitaler Schaltungen und Systeme, De Gruyter Studium, 7. Auflage, Berlin München Boston 2015.
[8]   Xilinx Inc.: Synthesis and Verification Design Guide, Webpages: www.xilinx.com.
[9]   IEEE 1076-2008 IEEE Standard VHDL Language Ref. Manual, Webpages: https://standards.ieee.org.
[10]   Siemers, C.: Prozessorbau, Carl Hanser Verlag München Wien 1999.
[11]   Tanenbaum, A. S.: Structured Computer Organisation, 5. Edition Prentice Hall Edinburgh 2005.
[12]   Bleck, A., Goedecke, M., Huss, S., Waldschmidt K.: Praktikum des modernen VLSI- Entwurfs, B. G. Teubner Stuttgart 1996.
[13]   Lagemann, K.: Rechnerstrukturen, Springer Verlag Berlin Heidelberg 1987.
[14]   Jorke, G.: Rechnergestützter Entwurf digitaler Schaltungen, Carl Hanser Verlag München Wien 2004.
[15]   Borgmeyer, J.: Grundlagen der Digitaltechnik, Carl Hanser Verlag München Wien 1997.
[16]   Reichardt, J.: Digitaltechnik: Eine Einführung mit VHDL, De Gruyter Studium, 4. Auflage, Berlin München Boston 2016.
[17]   Lehmann, G., Wunder, B., Selz, M.: Schaltungsdesign mit VHDL, Franzis-Verlag Poing 1994.
[18]   Xilinx Inc.: CORE Generator Guide ISE Webpages: www.xilinx.com.
[19]   Wannemacher, M.: Das FPGA-Kochbuch, International Thomson Publishing Bonn 1998.
[20]   Numato Systems Pvt. Ltd.: Mimas V2 Spartan6 Development Board, Webpages: www.numato.com.
[21]   Xilinx Inc.: Dokumentation (Software Manuals Version 14.7), Webpages: www.xilinx.com.

https://doi.org/10.1515/9783110583069-010

Stichwortverzeichnis

https://doi.org/10.1515/9783110583069-011

www.ingramcontent.com/pod-product-compliance
Lightning Source LLC
Chambersburg PA
CBHW060555060326
40690CB00017B/3715